空想の補助線

幾何学、折り紙、ときどき宇宙

前川 淳

みすず書房

空想の補助線　目次

折り紙と数学

高次元化した一筆書き

わたしは、天文台（宇宙電波観測所）のエンジニアであり、かつ、折り紙の創作家・研究者である。と、こう書いただけで、われながら浮世離れしている感じがした。お星様と折り紙である。最近の表現でいう、お花畑の感がある。とはいえ、日頃、天文台で接する天文学者たちも、格別に脱俗のロマンティストということはなく、折り紙の関係者も、みな童心にあふれた人たちというわけでもない。お花畑かどうかは別にして、そもそもこのふたつがどう結びつくかだが、わたしの場合、それらはそんなにかけ離れたものではない。

天文学の基礎に、物理学や数学があるのはいうまでもない。その研究を支えるエンジニアの仕事も、計算や制御、通信といったものだ。わたし自身は研究者の道には進まなかったが、大学では物理学を学んだ。いっぽう、折り紙のどのあたりが数学趣味なのかだが、折り畳み構造物の研究に、オリガミというキーワードが使われ、定期的に折り紙の科学・数学・教育国際会議も開催されるなど、折り紙と自然科学の結びつきは、思いのほか強い。わたしの折り紙への興味は、どちらかというと工芸的なものだが、造形に幾何学的な調和を見いだすのが、最大の喜びである。

たとえば、枝別れしたツノと6本の脚を持ち、前翅を上げて後翅を展げた飛ぶカブトムシの姿を、1枚の正方形から、折るだけで造形することを考える（図1）。正方形というかたちには、頂点が4個しかないので、その頂点をそのまま造形における尖った部分に用いても、4本の脚をつくることがせいぜいである。しかし、尖った部分は、正方形の辺からも面の中からもつくることができる。正方形を折り目によって細かい面に分割させ、それを屈曲させることで、思い描いたかたちを得ることはできる。一本の線をさまざまに屈折させることで絵を描く遊びを一筆描きというが、ひとつの面を屈曲させて複雑なかたちをつくる折り紙の造形は、次元を上げた一筆描きのパズルである。

ちなみに、一筆描きは、数学史の中の有名なエピソードに結びついている。発端は、ケーニヒスベルクの7つの橋問題というものだ。18世紀、この街のいりくんだ川にかかる7つの橋を、どの橋もすべて1度だけ渡って1周することはできるかという問題が出された。それは、スイスの天才数学者、レオンハルト・オイラーによって、純粋に数学の問題となった。彼はこの問題を、点を結んだ線に抽象化し、その図形が一筆描きできるか否か

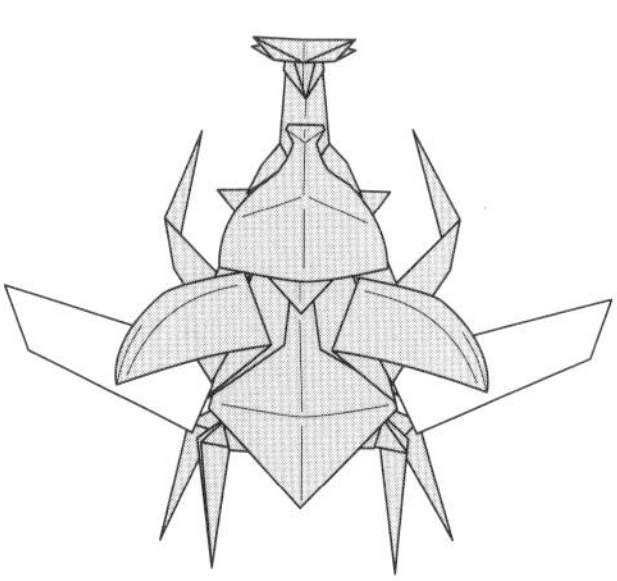

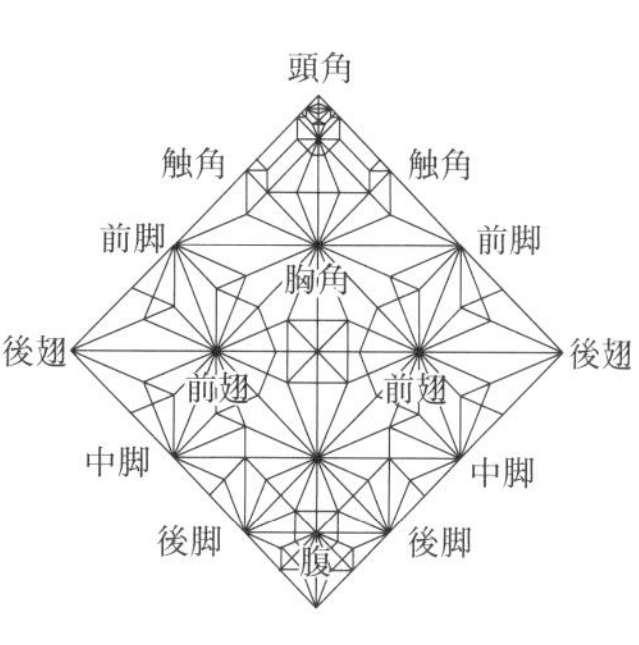

図1 飛ぶカブトムシの完成図（左）と展開図（主な折り目を示した一種の設計図）

という問題に還元した。その発想は、グラフ理論という数学の一大分野の先駆けとなる。オイラーの天才性というのは図抜けていて、数学者の森毅《つよし》は、どんな数学の分野にもオイラーの名前が登場することから、弘法大師の独鈷水《どっこすい》の如しと評した。どこに行っても、大師の霊験によって湧いた泉があることに似て、数学の世界にも、いたるところにオイラーによる湧き水があるという意味である。オイラーの式の名を持つ、円周率と自然対数の底と虚数の関係を示した数式は、世界で一番美しい式と呼ばれ、同じくオイラーによる多面体の面と頂点と辺の数の関係を示した数式は、世界で二番目に美しい式とも称される。

折り目に関する定理

では、一筆描きに似た折り紙の背景には、どんな数学があるのだろうか。以下、すこし詳しく、ひとつの例を見てみよう。平面を平坦に折り畳むときに、折り目についてなりたつ、次の定理についてである。

〈平坦に折り畳まれる折り目の頂点に集まる、山折り線と谷折り線の数の差は必ず2である。〉

くしゃくしゃとまるめて平らにつぶした紙でも、平坦になっている限りそうなる。さきほどでてきた「世界で二番目に美しい式」は、多面体（凸多面体）の性質を示すもので、F＋V－E＝2（F：面の数、V：頂点の数、E：辺の数）となる。折り目の定理も、この定理に外見上は似ていなくもない。ただ、この折り目の定理の数学的な内容は、はるかに理解が簡単なので、以下、面倒だと思う人も多いだろうが、しばらく説明を追っていただくことにしよう。

平坦に折り畳まれた折り目の頂点を、ハサミで切り落とし、それを畳んだまま、切り口の側から見る。すると、全体は、つぶれたジグザグの多角形となっている（図2）。山折りは、内角が360度の頂点で、谷折りはゼロ度の頂点だ。ひっくりかえせばその逆になるが、とりあえず、どちらから見ているかを決めてしまえばよい。

いまの話をいったんおいて、ここで、一般的なn角形の内角の和を考える。三角形の内角の和が180度だということはよく知られているが、四角形はどうなるだろうか。これは、三角形をふたつ貼り合わせることでつくられるので、三角形ふたつぶんの360度だ。同じように、n角形の内角の和は、nマイナス2に180度をかけた値となる。

以上のことから、山折りの数をm、谷折りの数をvとすると、$m \times 360 + v \times 0 = (m + v - 2) \times 180$という式がなりたつ。右辺は、全体が「山折り数プラス谷折り数」角形であるということを意味している。この式を変形すると、$v - m = 2$という式が得られる。さきほども述べたように、山折りと谷折りの定義は見る方向によって決まるので、$m - v = 2$、または$v - m = 2$ということが、結論となる。

差が2であるということから、頂点に集まる山折り線と谷折り線の数を足した値は偶数

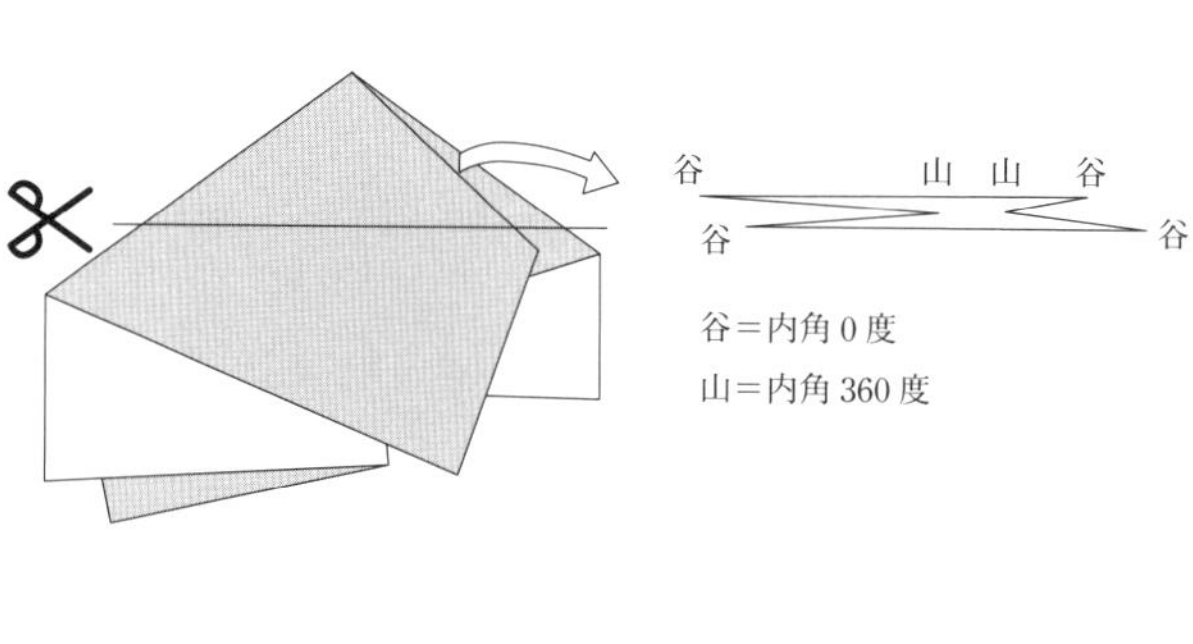

図2 平坦に折り畳まれた折り目の構造を、つぶれた多角形として見る（図中の「山」と「谷」は、内側から見た場合）

であるということも導かれる。さきほどの式の両辺に2vを足せば、$m+v=2(v+1)$ となるからだ。ここで興味深いのは、すべての頂点が偶数の線からなるというこの特徴が、平坦に折り畳める折り目の展開図の特徴ときれいに結びついていることだ。

それは、折り目に囲まれた領域の塗り分けに関係している。実際の折り紙作品の展開図、つまり、線と線がつながった網目のような図形を考えてみよう（図3。なお、紙の縁にあるような「頂点」は、ここまで考察した頂点からは除外される）。

一般的に、頂点に集まる線がすべて偶数の場合、その図（地図）は2色で塗り分けることが可能だ。その地図全体についての厳密な証明は案外面倒なのだが、ひとつの頂点で考えてみれば、だいたいのところはわかる。もし、点に集まる線の数が奇数であれば、赤、白、赤、白と塗り分けて、次の奇数番目に赤を塗ると、最初の赤と隣同士が赤になってしまい、2色では不可能だ。少なくとも、2色のためには偶数の線でなければならない。

線に囲まれた面が2色で塗り分けられるということを、あらためて、折り畳みということに結びつけて考えてみる。重要なのは、紙には裏と表の2面があり、2面しかないことだ。折り目の地図が実際に平坦に折り畳まれているのならば、折り畳まれた状態で、紙の面は、裏がこちらに向いているか、表がこちらに向いているかの2種類しかない。それに対応しているのが、塗り分けの2色なのである。当たり前といえばそうだが、わたしはこれに気がついたとき、目から鱗が落ちた思いがした。

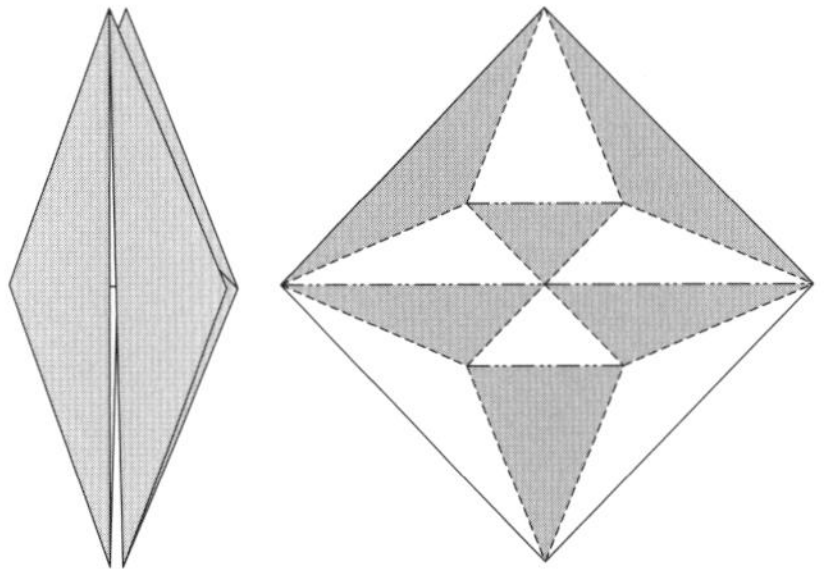

図3　折鶴の基本形とその展開図の色分け

以上の話は、数学の定理や証明が、ネットワークになって、互いを支えていることの一例といえる。そこには、きっちりと論理的な強い結びつきも、どこか似ている定理という類推的な弱い結びつきもあるが、それらは、世界を解釈する視線の豊かさとなっている。

すべての頂点の線の数が偶数の地図の場合は、「二色定理」と言えるものが成立することを述べたが、それに比べてはるかに難問の、「四色定理」という定理もある。平面に描いたあらゆる地図は4色以下で塗り分けが可能という定理である。東野圭吾のミステリ小説『容疑者Xの献身』に登場する数学者が、この定理に魅入られているという設定だった。隣人と同じ色に染まってはいけないという隠喩としても使われているのが、印象的だった。

この命題が正しいとの予想は、170年前になされたのだが、120年あまり証明がなされず、長い間それは定理ではなかった。数学史上最も有名な間違った証明とも称される、10年あまり誤りが見つからなかった「証明」もあり、それを発表した数学者の心情を想像すると悪夢である。大数学者ミンコフスキーの話も興味深い。彼は、「この命題が証明されていないのは、それに挑戦したのが一流の数学者ではなかったからだ」と学生の前で豪語したのち、証明に手をつけたが、それをなしとげることはかなわなかった。苦闘を重ねた数週間ののち、教壇に立った彼は、ちょうど鳴り響いた雷鳴に「天はわたしの尊大さに腹をたてたようだ」と述べ、長く中断していた予定の講義を再開したという。

結局、その証明は、アッペルとハーケンというふたりの数学者により、パターンを網羅し、それを計算機によって確かめるという方法によって達成された。それは、人が頭でたどって腑に落ちるという従来の証明の通念や、応用の数学とは異なる基礎数学分野での計算機の利用をめぐって、議論を呼ぶことになった。なお、その後、やはり計算機を用いるが、ワーナーとゴンティエという数学者によって、人間の頭でもなんとか追えるかたちで証明されたらしい。

以上、折り紙と数学の関わりの強さを、山折りと谷折りの定理を中心に、やや話を広げながら述べてみた。じつは、紹介した折り目に関する定理には、前川の定理という名前がついている。80年代、折り紙創作家の笠原邦彦の編集によるわたしの作品集で紹介され、その後、アメリカの数学者などによって、そう呼ばれるようになったのである。なんだ、自慢話だったのかよ、ということだが……、まあ、そうなのだ。しかし、ここには、まだ続きがある。この定理が、「スティグラーの法則」の一例でもあるということだ。

統計学者スティーブン・スティグラーは、1980年、自分の著作の中で、「科学的発見にその真の発見者の名前がつけられることはない」と述べた。たとえば、フーリエ変換を初めて用いたのはラプラスであり、ラプラス変換はラプラスより前にラグランジュが用いた、といった話だ。そして、くだんの前川の定理だが、ほぼ同じ内容が、1966年に村田三良によって大学の紀要に発表されていたことが、数年前、折り紙の研究の歴史を調べている松浦英子によって判明したのだ。

なお、スティグラーの法則自体もスティグラーの法則に当てはまるという。

幻想の補助線

日時計の天使

ライナー・マリア・リルケが妻クララに宛てた手紙に、ロダン夫妻とともにパリの南西80キロメートルの街シャルトルの大聖堂を訪れたときのことを記したものがある。

「そのうろついてゐる風の中に、私達は、天使の前に立たされた亡者共のやうに、突つ立つてゐた。そしてその天使は、いかにも、愉しさうに、その日時計の文字板を太陽の方へとさし向けてゐるのだつた。いつもそれが太陽に見えるやうにと……」（堀辰雄訳、以下同）

大聖堂の外壁にある日時計を持った天使の石像のことを書いた文章だ。この像はリルケに大いに霊感を与えたようで、それから数年後に上梓された『新詩集』には、『日時計の天使』、そして『日時計』という詩が収録されている。

日時計の天使のどこが詩人の琴線に触れたのだろうか。その大聖堂は、今日では世界遺産にもなっているが、前掲の手紙では「破壊の手に身をうち任せてゐる」とまで書かれている。しかし、その中にあって日時計の天使は、スポットライトを受けたように「まるで空がそこに映りでもしてゐるやうに」と描写される。ほかにも多数の優れた彫刻やステンドグラスが中世のままにのこり、眼にすることができたはずなのに、詩人の眼にはこの天使像だけが光を集めているように映ったらしい。これにはまず、詩人が空を見上げる人だったという理由が考えられる。日時計は太陽の動きを知る、ある種の天体観測装置だ。そして、リルケの詩にはしばしば星辰《せいしん》が登場し、彼の詩想の重要な源泉となっている。

日時計ならではの設置場所も、理由のひとつかもしれない。日時計には大きくわけて、文字盤が水平のものと垂直のものがある。シャルトルにあるのは垂直のもので、そのタイプの日時計には欠点がある。春分から秋分までの朝夕、太陽が東西を結ぶ線より北側にあるので、盤面に陽があたらないのだ。このことで、太陽が昇っていても時刻を計測できない時間帯が生じる。設置場所によってはさらに制限を受ける。しかし、シャルトルの日時計の設置場所は最大限に工夫されている。

ヨーロッパの聖堂の多くは、中心線である身廊とそれと直角に交わる翼廊により、真上から見ると十字架のかたちをしている。身廊は東西、翼廊は南北にするのが基本だ。西側が正面で、東の奥が祭壇である。ケルン大聖堂などが典型的で、パリのノートルダム大聖堂は、セーヌ川の中州であるシテ島の地理的条件によるのだろう、東下がりになっているが、その角度は約25度と大きくはない。シャルトルにはそうした地理的な制限は見当たらないが、身廊の向きは南西から北東に向かう45度ちょうどになっている（図1）。その立地の理由は不明だが、それによって、日時計の設置には利点が生まれている。

天使像は、西正面から見て右側にある四角い尖塔の南の角にある。全体が南西から北東を向いているので、建物の中で最も南になる場所だ。ここに置かれることで陽光を遮る障害物が極力避けられている。「天子南面す」（『論語』）ならぬ「天使南面す」である。ある意味、最も目立つ場所だ。まさか日時計の設置のためだけに、聖堂の向きが決められたわけではないだろうが、結果として、リルケならずとも視線がそこに吸い寄せられそうな場所に日時計の天使像はある。とはいえ、聖堂の向きのたしかな理由は不明だ。北東の方角はパリにあたるが、正確に北東ではない。

奇跡を計算する

こうした宗教施設の立地や向きに関して、レイラインということがまことしやかに述べられることがある。古代の遺跡や宗教施設が一直線上に並んでいるといった話である。古代の道が直線状であることが多いのは事実らしい。レイラインというものを最初に主張したイギリスのアマチュア考古学者アルフレッド・ワトキンスは、地形が平坦なブリテン島の丘陵地帯に見られる直線状の小道のネットワークから、その着想を得た。レイという言

図1　シャルトル大聖堂概要平面図

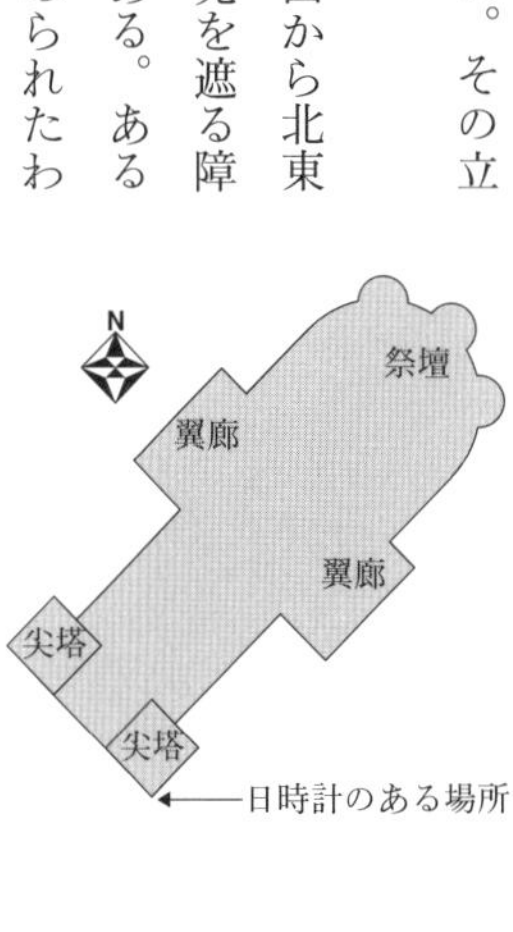

葉は牧草地の意味で、土地の名前にレイがつくものが多かったからだという。これらの考えは『初期ブリテンの道』（1922年）や『古代の直線の道』（1925年）といった本の中で示されており、瞥見したが、そもそもは神秘的な概念ではない。いっぽう、天体の運行と宗教的な営為は密接に関係していたであろうから、宗教施設の方角や立地に意味を持たせることも当然あったのだろう。それはそれで興味深い。しかし、レイラインの概念はインフレーションを起こし、その話の多くはとうてい信じがたいものになっている。たとえば、わたしが見つけた次のふたつの例はどうだろう。

　まずは、折紙という地名に関するものだ。折紙という地名は、調べた限り日本全国に3か所ある。青森県の折紙山《おりがみやま》とやや離れるがその麓に近い大鰐町の折紙集落、長崎県五島市久賀島《ひさかじま》の折紙鼻《おりかみばな》という岬と折紙集落、そして、山口県下関市豊北町の折紙鼻だ。地名伝承はいくつか確認できているが、由来ははっきりしない。由来はともかく、これらの3地点はなんと一直線上に並ぶ。それだけではない。この線分の両端、すなわち、久賀島の折紙鼻と青森県の折紙山から等距離の場所に、折り紙ゆかりの土地があるのだ。折り紙の歴史において最も重要な書籍『秘傳千羽鶴折形《ひでんせんばづるおりかた》』（1797年）に掲載された切りつなぎ折鶴を考案した僧侶・義道一円が住職をしていた寺（長円寺）のある三重県桑名市である。さらに、その3点を結んだ二等辺三角形の頂点の角度が、かなり正確に、22・5度、135度、22・5度になる。折鶴の基本形と呼ばれる菱形を二分割した三角形である。いわば、日本列島を覆う折鶴だ（図2）。驚くべき符合だが、合理的な説明はつけようもない。

次は、上円下方墳の例である。前方後円墳と違ってあまり知られていないが、角錐台の上に円形のドームを重ねた形式の墳墓をこう呼ぶ。確認されたものが十指に満たない珍しいタイプの古墳である。そのうちのふたつが東京にある。府中市の武蔵府中熊野神社古墳と三鷹市の天文台構内古墳だ。後者は近年調査が始まったもので、通いなれた天文台内の鬱蒼とした藪蚊の棲みかが古墳だとは知らなかったが、そうとわかってからは、関心を持って眺めていた。そしてある日、妙なことに気づいた。

このふたつの古墳はきれいに東西に並んでいる。北緯の差はわずか数秒である。東西に並ぶこと自体にはなんらかの意味があるのだろう。方角に関係している可能性のある遺跡が、20世紀の初めに開設された天文台構内にあるのも面白い。しかし、話がここで終われば「巨大折鶴」ほどの珍説の味わいはない。びっくりするのは、このふたつの古墳を結ぶ直線をさらに東に伸ばしたときに明らかになることだ。天文台構内古墳から東に約15キロ

図2　「折紙」地名の謎

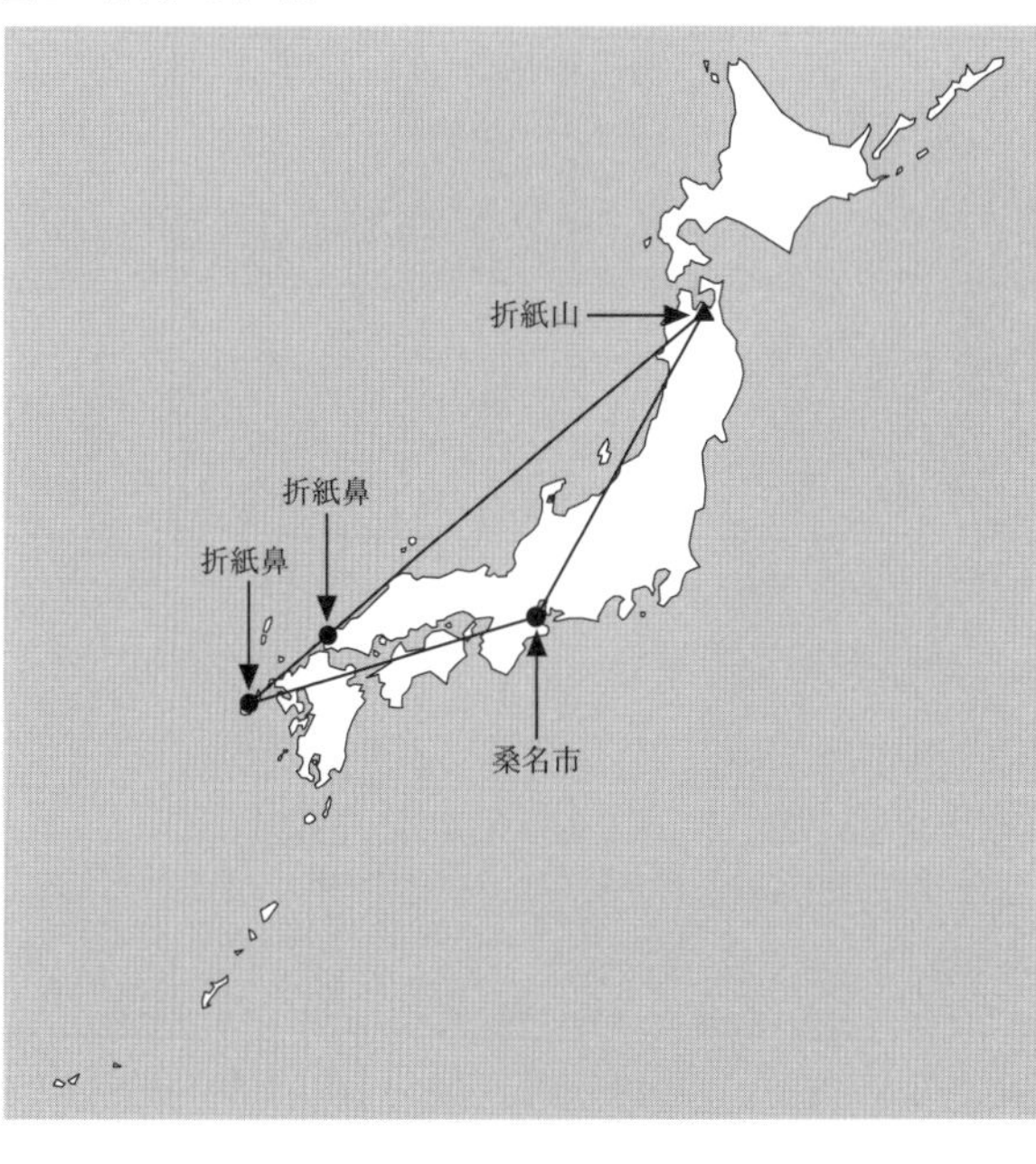

メートル、北緯がぴったり同じ場所に、ある施設が存在する。4個の塁からなる正方形の中心に円形の盛り土がなされた、まさに上円下方の構造物だ。ダイヤモンドの中心にマウンドを持つ明治神宮野球場である！　などと感嘆符をつけてみたが、つまりは、偶然というのはあるなあ、という話だ。そう、世の中には偶然は案外多い。経度と緯度では、次のような話もある。

経度と緯度の経と緯という漢字は、織物の縦糸と横糸を意味する。経緯という言葉がいきさつの意味であるのも、織物の秩序立った構造からしい。そして、日本の標準時子午線である東経135度と、区切りのよい緯線である北緯35度が交差するのは兵庫県西脇市である。驚くべきことに、同市は播州織りを地場産業とする織物の町、つまり縦糸と横糸の町なのだ。東経135度と北緯35度をめぐる謎では、松本清張の『Dの複合』という小説もあり、播州織りの話こそでてこないものの、また清張自身も眉に唾をつけている筆致ながら、さまざまな怪しげな話が紹介されている。

ちなみに、区切りがよいといっても、赤道がゼロ度で極がプラスマイナス90度であるという、異論のない定義で決まる緯度と異なり、経度の定義はグリニッジをゼロ度としたものので、恣意性が強い。かつて、パリ天文台を基準にした子午線も経度ゼロを主張しており、これが採用されていれば、東経135度・北緯35度は、愛知県岡崎市の山中になっていた。なお、メートルという長さの単位は、このパリ子午線を基準にしたものである。18

世紀末にラプラスなどを中心とするフランス科学アカデミーによって、赤道から北極までの子午線の1000万分の1として定められ、その後世界標準となった。しかし、基準の子午線（本初子午線）自体はイギリスに持っていかれた。1884年の国際子午線会議でグリニッジが基準と決められたのちも、フランスは1911年までパリ子午線を用いつづけたというから、悔しさが伝わる。1994年には、子午線の測定に功績のあった天文学者フランソワ・アラゴを称揚して、パリ市内の東経2度20分14秒の子午線上に、135個の円盤が埋められてもいる。

地球に描かれた理論的な線は、地上の争いのもとでもあったわけだが、日常を超越した長大なその線は、大いなるものにつながる空想の補助線でもある。詩人のジャック・レダや、彼にインスパイアされた堀江敏幸が、アラゴの円盤をモチーフにした『パリの子午線』や『子午線を求めて』という作品を書いたのも、その線が塵埃にまみれた路地と広大な宇宙を接続させる想像力を刺激したからだろう。ただ、前述の「折鶴三角形」や「武蔵上円下方墳レイライン」ほどではないものの、想像力はときにありもしない関係も見いだす。

イギリスの数学者ジョン・E・リトルウッドは、没後『リトルウッドの雑録』（1986年）にまとめられたエッセイの中に、「起こりそうもないことは過大に評価され過ぎる」という言葉を遺している。彼は、100万回に1回起こることを奇跡と定義し、1秒に1

回事象が発生し、1日の活動時間を8時間とすれば、ひとりの人に約1か月に1回は奇跡が起こるという計算を示した。彼にならって、レイラインの偶然もざっと計算してみた。

計算したのは3個の点をおいたときにそれが一直線に並ぶ確率だ。簡単のために、5×5のメッシュを用意し、そこにランダムに点をおく方法を用いた。一直線の定義は、縦横に並ぶことと斜め45度に並ぶこととした。その定義で3個の点が一直線に並ぶパターンは、140と数えあげられる（図3）。かなり多いが、分母となる3個の点のすべてのパターンも2300と多いので、確率は約6パーセントである。高くはないが、低くもない。

では、4個の点をおいて、そのうちの少なくとも3個の点が一直線になる場合はどうか。これは約23パーセント、つまり約4分の1、同様に5個では約2分の1、7個では9割以上、11個以上では100パーセントとなる。

11個以上の結果は「鳩の巣原理」の例にもなっている。鳩の巣箱が10個あり鳩が11羽いる場合、少なくともひとつの巣箱には2羽以上の鳩がいるという理屈で、ディリクレ（19世紀のドイツの数学者）の箱入れの原理ともいう。自明に思える理屈だが、多くの定理の証明に用いられる重要な数学の論理だ。有名な例は、人口20万人の街には、髪の毛の数が同じ人の組が必ずあるというものである。人の髪の毛の数の上限が約15万本であるためだ。

レイラインの計算例では、次のようにこの原理が適用できる。点が置かれたメッシュを

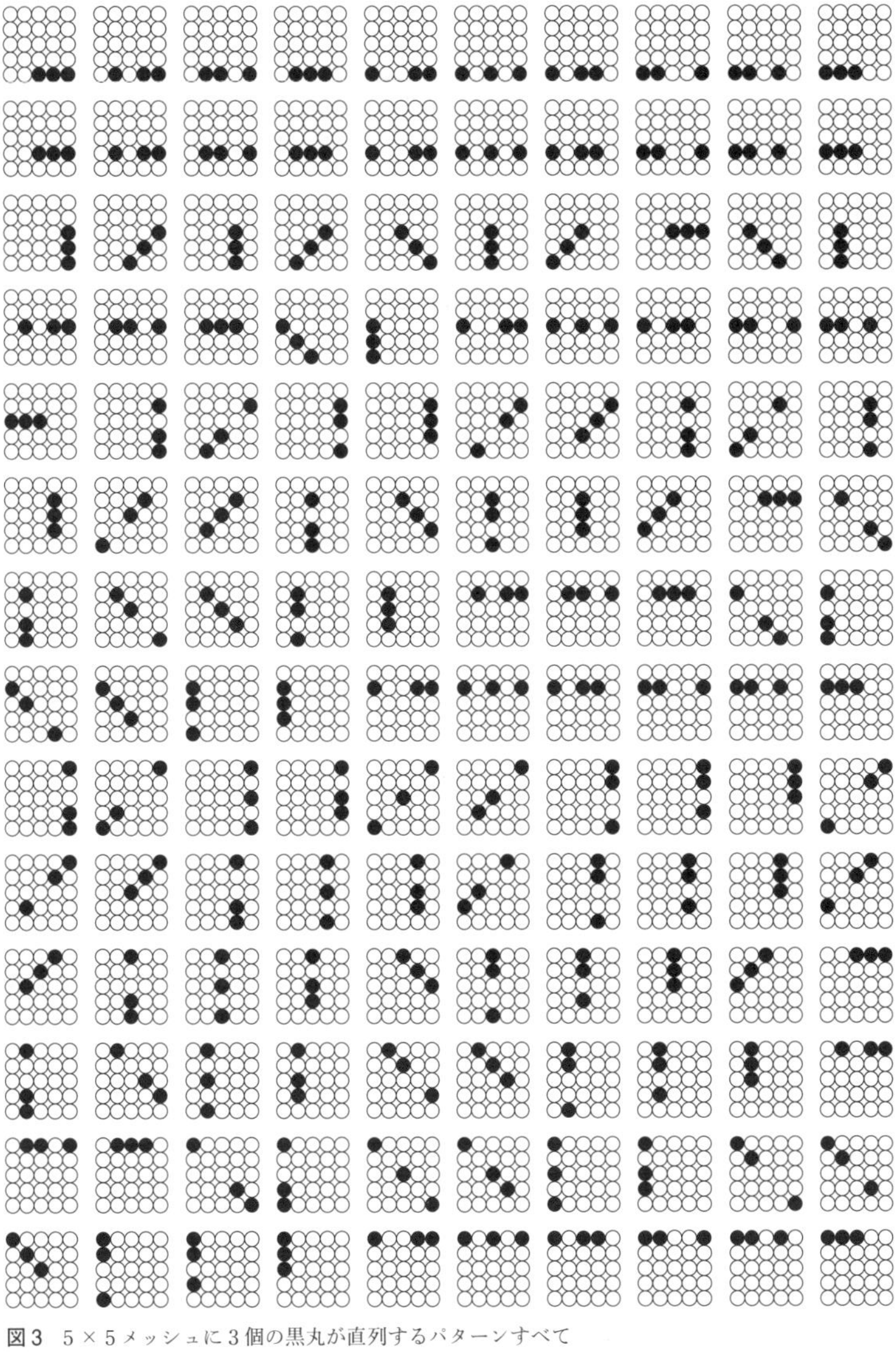

図3　5 × 5 メッシュに 3 個の黒丸が直列するパターンすべて

5行5列の黒丸と白丸で表すことを考える。このとき、3個の黒丸が一直線にならないためには、1行における黒丸はふたつまでである。黒丸が合計10個のとき、1行あたり2個の黒丸を5行にわけて、行（横）方向に3個が一直線に並ばないようにする。かつうまく工夫して、縦や斜めにも3個が一直線にならないように配置する（図4）。

全パターン362万8760通りのうち、わずか92通りだが、そのような配置は可能だ。しかし、そこにひとつ黒丸を加えれば、いずれかの行が必ず3個の黒丸になる。5×5の例はメッシュが荒いが、神社や寺、教会や遺跡などいわくありげな場所は多いので、メッシュを細かくしても地図上に直線を見つけるのは容易である。レイラインの創始者のワトキンスにしても、3点でレイラインを決めてはいけないと戒めているほどだ。奇跡や啓示のように思われることも、だいたいは偶然のなせるわざなのである。ただし、それは味気のないものではない。偶然は偶然として面白い。

シャルトル大聖堂から北東45度に向かう線は、パリの中心より北を通過して、ベルギーのシャルルロワとドイツのブレーメンにつながる。このふたつの街は偉大な天文学者の出身地だ。それぞれ、膨張宇宙論のジョルジュ・ルメートルと、夜空が暗いのはなぜかという「オルバースのパラドックス」で有名なヴィルヘルム・オルバースである。これを見つけたときも驚き、そんなことを調べているわたしにも自分で呆れたが、そこに宇宙の秘密などはないことはわかっている。ただの、しかし面白い偶然である。

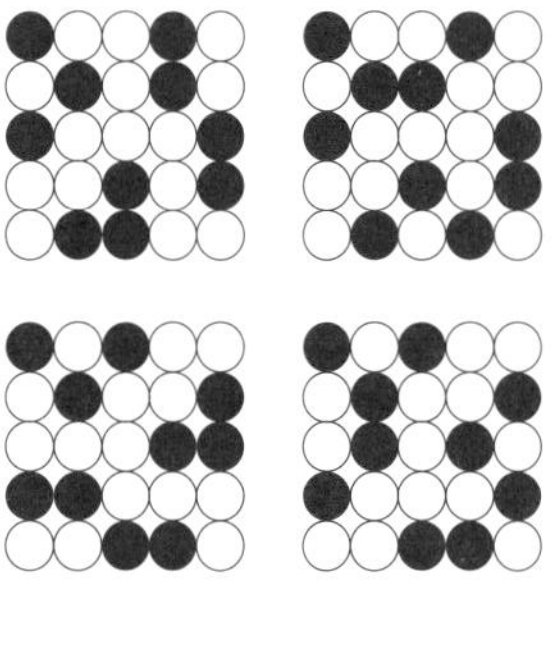

図4　5×5メッシュに黒丸10個を置き、3個が一直線に並ばない例。全部で92通りある。

パスタの幾何学

帽子、貝殻、百合の花

帽子、コルク抜き、アコーディオン、蝶、貝殻、きのこ、鶏冠《とさか》、カタツムリ、百合の花、雑草、手、舌、耳、ペン、指ぬき、放熱板、車輪、松明、独楽《こま》。

これらは、すべてパスタの名前だ（写真1参照）。貝殻をかたどったコンキリエや、蝶ネクタイのようなファルファーレ、車輪のかたちのロテッレなどは、イタ飯としてイタリア料理が本格的に日本で広まる以前の1960－70年代から、マカロニやスパゲッティとともに流通していて、子供ごころに面白い食べものだなあと思っていた。ある種あこがれの食品だった。

パスタの起源は中国とされるが、そこには右にあげたイタリアのショートパスタのようなバリエーションはない。中国の麺や穀物粉を使った食品は、紐状のもの、テープ状のもの、円形や矩形の膜にしてからそれを変形したも

写真1　パスタは500種ほどあるとされ、これらはほんの一部である。

のがほとんどだ。これは、手づくりの伝統を継いでいるからだろう。それに比してイタリアのパスタは、近代になって器具や機械でつくられたものが多いと考えられる。

平面の膜の変形からできる食品では、以前あるものに関して詳しく調べたことがある。主に米国の中華料理店で食事のあとに供される、託宣を書いた紙が仕込まれた菓子、フォーチュンクッキーだ。調査の結果は、２００６年の第四回折り紙の科学・数学・教育国際会議で『フォーチュンクッキーの幾何学的系統樹』として発表した。フォーチュンクッキーや、その起源と推定される日本の辻占《つじうら》煎餅のほとんどは、円形の膜を変形させることで、内部に空洞をもたせる構造となっている。そのかたちには思いのほかバリエーションが多いのだが（写真2）、その特徴は、面を伸び縮みなく変形させていることにある。これは折り紙の造形原理でもある。

そのころから、いや、さきに記した子供時代の記憶と重ね合わせるとそれ以前から、パスタの形状に関しても、いつか詳しく調べてみたいと思っていた。

しかし、広い世界には同じようなことを考える人はいるものだ。２０１１年に、ロンドンを拠点にする建築家でデザイナーのジョージ・L・ルジャンドルにより『パスタ・バイ・デザイン』という著作が上梓されていた。約90種類のパスタを、写真と概要の解説、数式と図で示し、それらを系統的に分類する画期的な一書である。ネット書店に寄せられたこの本へのコメントが面白い。多くの人は視点の独創性や写真や図面の美しさに感心しているのだが、「パスタの図面があるだけでレシピのひとつもない」と書いている人もいるのだ。そういう本なのでしかたないとしかいいようがないが、パスタの形状にのみ注目する視点は、やはり風変わりなのだろう。

同好の士を見つけたとはいえ、わたしが温めていた研究の独創性は薄れた。ただ、パスタの幾何学の研究の余地がなくなったわけではない。多くのパスタは、型抜きではなく、それを製造する機械の構造や練った小麦粉の物理的な性質によってかたちづくられると考えられる。この本にはそうした製造過程に関する記述は多くない。また、主な目的が分類なので、個々のパスタに関する解析はあっさりとした味つけになっている。種々のパスタの構造と造形の原理を想像するのは楽しい。たとえば、ジリ・オンデュラト、つまり「波

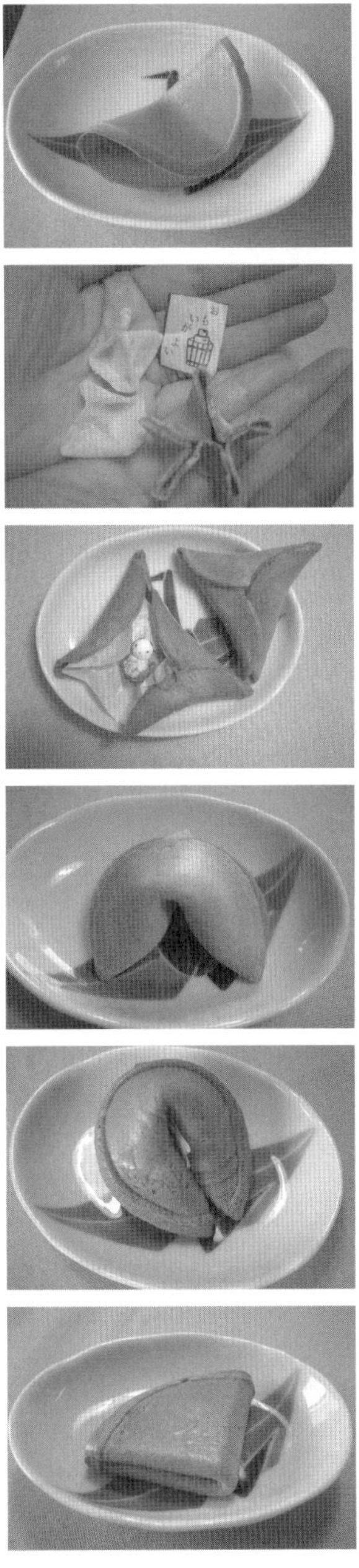

写真2　フォーチュンクッキー、辻占煎餅のさまざまな形状（一部、託宣を含んでいない菓子も含む）

うった百合」という名のパスタは、百合の花というより、キクラゲに似ている。キクラゲの成長とこのパスタの製造原理は似ているのか。そんなことが気になる。以下に示すのは、フジッリというパスタについてのそうした考察の一端である。

二重螺旋と驚異の定理

フジッリはネジのかたちをしたパスタで、さきにあげたコンキリエやファルファーレと並び、食料品店で比較的よく見かけるものだ（図1）。

自然界ではネコザメの卵にも似ているが、fusilli というのは、fucile、ライフルというイタリア語から来ているらしい。日本語では施条銃《しじょうじゅう》で、銃弾をまっすぐ発射するために銃身の内側に刻んだ螺旋状の溝からきた命名である。

ひとくちに「らせん」というが、この言葉にはふたつの意味があるので、まずはこれを整理しておこう。ひとつは、蚊取り線香のような平面図形としてのらせんで、螺線と書くこともあり、渦巻き線ともいう。もうひとつは螺旋階段の手すりのような立体の線で、弦《つる》巻線《まきせん》ともいう。これらは、英語ではスパイラルとヘリックスだが、英語でも混同していることは多い。ここで扱うのは後者だ。

螺旋界のスターはなんといってもDNAだ。それは、ふたつの弦巻線状の高分子が4種類の塩基で梯子のように結びついたかたちをしている。フランシス・クリックとジェーム

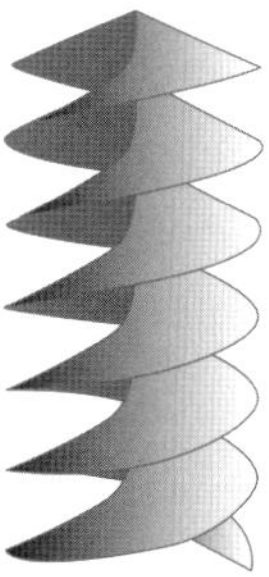

図1　フジッリ（二重螺旋タイプ）

ズ・ワトソンによるその構造の発見の経緯は、現代科学史の山場のひとつである。斯界の権威ライナス・ポーリングのエピソードも忘れがたい。彼は二重螺旋の論文が発表されるすこし前に、三重螺旋を提案した。しかし、壮大な空振りだった。パスタのフジッリはどうなのかというと、ほとんどが二重螺旋だが、三重螺旋のものもある。見つけたときはびっくりしたが、小口を見るとすぐにわかるので、食卓でフジッリを見た際はぜひ確かめてもらいたい。

次に考えるのは、フジッリの曲面の曲がり具合についてだ。その説明のために、やや長くなるが、曲面の曲率についての解説につきあっていただきたい。平面上の曲線の曲率は、1点における曲がり具合を円弧で表すことができるので、その円弧の半径で示すことができる。道路のカーブを示す「R」と同じ考えかたで、曲率はその逆数の1/Rで示される。曲面とはさまざまな方向を向いたそうした曲線が交差したものだ。悩ましいのは、曲面の場合、曲面上の1点においても無数の曲線があることだ。数学の王の異名のあるドイツの大数学者カール・フリードリヒ・ガウスが注目したのは、曲面上の1点をとおる無数の曲線の曲率の最小値と最大値である。彼は、そのふたつの値をかけあわせた値によって、曲面上の点における曲率をひとつの値で示した。今日ガウス曲率と呼ばれる値である。かけあわせた値は、その曲面を変形しても変わらない値になる。これは当たり前ではない。当たり前どころか、不思議な性質で、ガウス自身が「驚くべき定理が得られる」と書き記している。この記述により、その定理には、数ある数学の定理の中でも最も印象が強い「驚異の定理」の名がついている。

例として、ガウス曲率がゼロの場合を考えてみよう。紙のような平面をゆるやかに曲げると、円柱の側面や円錐の側面のような曲面ができる。そのとき、立てた円柱の垂直方向の線や円錐の頂点をとおる線は、曲がった面の上に乗った直線であり、直線なのでその線の曲率はゼロである。そしてこのゼロが、曲面上の点における曲率の最小値（曲面が凸の場合）、もしくは最大値（凹の場合）となる。この値をかけあわせるので、それらの曲面のガウス曲率はゼロだ。平面を変形させた曲面では、どうやっても直線がのこり、ガウス曲率はどの点でもつねにゼロになる。このような面を可展面《かてんめん》という。平面から変形可能な曲面、平面に展開可能な曲面という意味である。

いっぽう、キクラゲのような曲面は、いたるところでガウス曲率がマイナスになる。それは、どんなに変形しても平面に展開することはできない（図２）。どこかを切り開きスムーズに曲面の形状を変えることができたとしても、各点のガウス曲率は変えられない。また、球面はどの点においてもガウス曲率がプラスで、これまた、どんなに工夫しても平面にはならない。ガウスの驚異の定理は、どのような図法を用いても地球の正確な地図を平面に描くことはできないことも示している。

以上がガウス曲率のおおまかな説明だが、同じころフランスに、ガウスと独立に曲面の

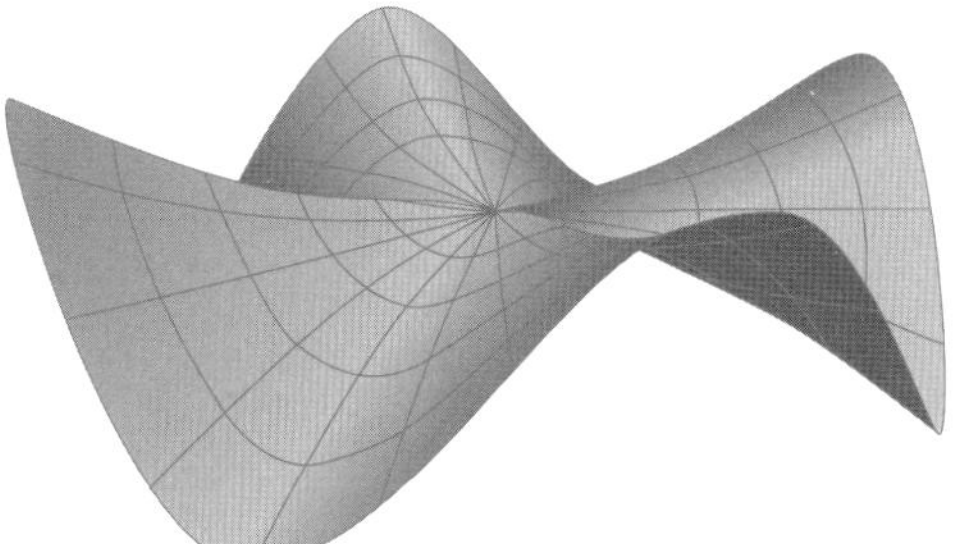

図２　ガウス曲率がマイナスのキクラゲ的な曲面

幾何学を構想していた数学者がいた。ドイツに住むガウスとも文通をしていた人なのだが、そのやりとりで曲面の幾何学が話題になった形跡はないようだ。その数学者の名は、マリー＝ソフィー・ジェルマンという。名前からわかるように女性である。200年前を生きた彼女はジェンダーバイアスに翻弄された人だった。ガウスとの文通も、男であると偽って変名でおこなっていた。ナポレオン戦争でのフランス軍のドイツ侵攻のさい、ガウスが古代ギリシアのポエニ戦争でローマ兵に殺されたアルキメデスの二の舞になることを恐れたジェルマンは、知人の軍人に彼の身柄の保護を頼んだ。「ソフィー・ジェルマン嬢からの依頼です」と告げられたガウスが「ソフィー嬢？」と怪訝な応答をしたことから、彼女の素性が知れたというのは、ドラマのような逸話だ。

当時のフランスには、『パスタ・バイ・デザイン』の著者と同姓のルジャンドルや、天体力学などで知られるラグランジュやラプラス、群論のガロアなど、科学史・数学史に名を残す大数学者や天才がいた。ジェルマンもそうした綺羅星のひとりである。ルジャンドルは解決に350年かかったフェルマーの最終定理の証明の歴史にも関わっているが、ジェルマンも重要な貢献をした人だった。そして、曲面の幾何学においても、ジェルマン曲率に名を残している。曲面上の点における曲率の最小値と最大値の平均値――かけあわせた値のガウス曲率と違って平均値である――をこう呼ぶ。次に述べるように、この値にも特別な意味がある。

螺旋階段の段をすべてなめらかなスロープに変えたかたちを思い浮かべてほしい。上下をひっくり返しても同じになる整ったかたちで、常螺旋面《ヘリコイド》と呼ばれる曲面だ。これは、面の上のあらゆる点でジェルマン曲率がゼロになる曲面である。バネのような螺旋状の枠（中心に直線を加えるとよりよい）を石鹸水につけてゆっくり引き上げたとき、枠の間にできるなめらかな膜のかたちでもある。表面積が最小になる曲面で、極小曲面と呼ばれるもののひとつだ。

ここでやっとパスタの話に戻る。わたしはずっと、フジッリの曲面はこの常螺旋面であると思っていた。しかしあるとき、その中心軸に向きがあることに気づいた。ひっくり返しても同じと書いたように常螺旋面には「上下」の向きがない。よく似た曲面に類似螺旋面《ヘリカル・コンボリュート》というものがあり、その曲面には向きがある。それは、次のようにつくることができる。

五円玉のような穴の空いた円盤の紙を複数用意する。それらの半径にそって切り込みをいれ、その切り口を別の紙の切り口につなぐ。すると、平らなバネのようになる。これを立体的に引き伸ばすと、同心円状の面がわずかに円錐状になって安定的なかたちになる。このとき、紙に無理な歪みは生じない。つまり、可展面だ。ガウス曲率がゼロで、ジェルマン曲率はゼロではない曲面である。いっぽう常螺旋面は可展面ではない。フジッリの面は類似螺旋面そのものではないが、常螺旋面よりこの曲面によく似ていたのだ（図３）。

あらためて検討すると、夜店などでみかける、じゃがいもを螺旋状に切って揚げた「たつまきポテト」や、長くつながったキュウリの飾り切りも同様であった。キュウリの飾り切りは、百円ショップで求めた器具を用いて試してみたが、切ったあとにそれを引き伸ばしたとき、面がわずかに円錐状になっていることが計測できた。常螺旋面はみごとな自然のかたちだが、パスタのそれは、別種の自然の妙である類似螺旋面的な曲面だったのだ。

確認できていないが、フジッリをつくる器具も、この曲面の幾何学的構造にそったものなのだろう。二重螺旋のフジッリは円柱の末端にある直径のスリットから、三重螺旋の場合はベンツのヘッドマークのような穴から、回転させながら練った小麦粉を押し出し、刃の角度にもよって軸方向にすこし引き伸ばされることであの曲面がつくられるのではないか。ハンドルを回すと理にかなった曲面がでてくる作業は、なんだかとても楽しそうだ。

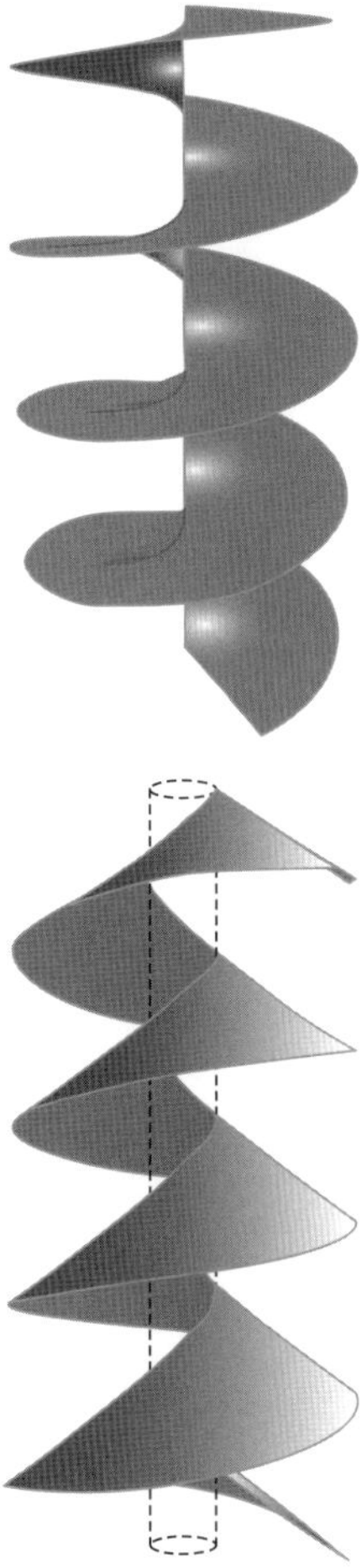

図3　常螺旋面（ヘリコイド、上）と類似螺旋面（ヘリカル・コンボリュート、下）。厳密には、類似螺旋面の中心には穴（点線で示した）がある。

解けない問題

デルフォイの神託

『失楽園』で名高い17世紀イングランドの詩人ジョン・ミルトンは、叙事詩『キリスト降誕の朝に』において「神託は沈黙し／声も唸りもなく／アーチ屋根を過ぎ渡る幻惑の言葉は途絶えた／アポロンの神殿より／予言の言葉は去り／虚ろな声とともにデルフォイの丘から消えた／もはやない、夜ごとの神がかりも囁く呪文も／それを聞く予言の小部屋の青白い眼の神官も」とうたった。キリストの降誕によって古いギリシアの神々が衰退したという思想に基づいた詩である。

神託が衰微したのはなぜかということについての実際のところは、『英雄伝（対比列伝）』で知られるプルタルコスの文業に詳しい。プルタルコスは、紀元1世紀から2世紀のローマ帝国の黄金時代を生きた、東方ギリシア世界の著述家である。膨大な著作をものした彼は、ミルトンの詩の神官のように青い瞳ではなかったと思われるが、デルフォイ神殿の神官でもあった。キリスト教がローマ帝国で公認されるのはさらに世紀を重ねた4世紀のことで、プルタルコスが神官だったこのころ、ギリシアのパトモス島にはキリストの十二使徒のひとりであるヨハネが幽閉されており、詩とは異なり実際デルフォイの神殿はアーチ屋根ではなかったとも推定されるが、この時代、ギリシアの神々の力が衰えはじめていたのは事実だった。

ギリシアの神託といえば、予言に翻弄されるオイディプスの神話や、ソクラテスが思索を深めるきっかけになった「世にソクラテス以上の賢人はない」といった言葉がよく知られている。そうした言葉は、かつては政治にも大きく影響を与えていたが、プルタルコスの時代にはその重みは変わっていた。彼自身、黄金時代《パクスロマーナ》の「平和」の享受により、神託の意味が変容したことを、以下のように記している。

「対外戦争も絶えて久しく、植民も内乱もなく、僭主政治もない。またそのほかにも、多くの薬品を調合する特別な能力を必要とするようなギリシア特有の疾患や病気もない。（神託で）複雑で秘密に満ちた、危険を伴う事柄が問われることはなく、（……）たとえば『結婚したものかどうか』といったことが問われ（るようになった）」（『ピュティアは今日では詩のかたちで神託を降ろさないことについて』丸橋裕訳）。

なお、デルフォイにおける神託は、地底からたちのぼる霊気によってトランス状態となった巫女（ピュティア）のもたらす言葉であったと伝わっている。その霊気なるものに関してプルタルコスは「この上なく芳しくこの上なく高価な香水が放つような蒸発気を、まるで泉から噴き出すように至聖所が放つ」（『神託の衰微について』丸橋裕訳）と記し、霊気の力は弱くなってきたとも述べている。なにか物理的な実体のあるような書きぶりで、そのことなどから、巫女の神がかりはなんらかのガスによるものという説がとなえられてきた。本邦の殺生石の伝説や、霊場の恐山が火山地帯にあることなども連想させる話である。しかし、20世紀になってこの説は、遺跡の地面に亀裂等の痕跡が発見できないといった考古学者の報告、古代の記述は信用できないという歴史学者の主張などから、根拠のない話として切り捨てられたままになっていた。

ところが、20世紀末から今世紀初頭になって学説は再転した。考古学者J・R・ヘイル、地質学者J・Z・デ・ボーア、化学者J・P・チャントン、そして、毒物学者H・A・スピラーの共同研究により、神託所の地下で交差するふたつの断層が発見され、石灰岩層もあったことから、そこを通過することによって、炭化水素化合物であるエチレンが発生していた可能性が、たしからしい証拠によって示されたのだ。エチレンガスのわずかに甘い香りや、それによるトランス状態や中毒症状は、プルタルコスなどによる記述の数々にも適合していた（「「デルフォイの神託」の秘密」*Scientific American* 2003年8月号）。

劇的に学説がひっくり返った顚末は、伝説を信じたシュリーマンによって、架空と思われていた古代都市トロイアが発掘された話を思い起こさせる。ヘイルらの論文は、現代人として驕らずに古代の知性に敬意を払うことと、学際的研究の重要さを結びとしており、深く納得させられる。いっぽうで、神託の衰退はガスの枯渇という物理的な理由もあったのかもしれないと、身も蓋もない感想も持った。

三大作図問題

プルタルコスが「秘密に満ちた」と書いた古い伝説の神託のひとつは、ある意味では、人類を最も長い間悩ませた難問であった。デロス島で疫病が流行ったさい、それを鎮めるために降ろされたとされる神託である。いわく「アポロンの祭壇を二倍にすれば、疫病はおさまる」。

今日これは、立方体の倍積問題と呼ばれるが、アポロンの祭壇のかたちがほぼ立方体であるメッカのカーバ神殿のようなものだったという記録はないので、直方体だった祭壇を相似形のまま倍の体積にしろという意味だったのではないかと考えられる。いずれにせよ、数学的には立方体と同じ問題である。

疫病に関していえば、プルタルコスの時代とは異なり、紀元前のギリシア世界においては、それはきわめて深刻な問題だった。紀元前5世紀のペロポネソス戦争時に、スパルタから持ち込まれたともされる感染症によってアテナイの市民たちがなすすべもなく斃れていったさまは、同時代のトゥキュディデスの『歴史（戦史）』に詳しく、いま読んでも他人《ひと》ごとではない生々しい記述と、重要な示唆に満ちている。

ただ、幾何学の問題が疫病を鎮める話となぜ結びついたのかはわからない。まさか、体積を倍にすることが、ソーシャル・ディスタンスを意味したわけではあるまい。謎は謎なのだが、プルタルコスによる「エウドクソス、アルキュタス、メナイクモスが、器具や機械で立方体を二倍にしようとする拙い方法をとった」とプラトンが述べたという話（『食卓歓談集』松本仁助訳）など、あのプラトンに結びつけられた問題となっている。

伝説はともかく、この問題が、紀元前4世紀にプラトンのアカデミアで議論されていたことはありうる。重要なのは、それがきわめつきの難問であったことだ。プラトンのいうように器具を使わない方法、すなわち、のちにユークリッドによって体系化された手順では、どうやっても解けないのだ。ギリシアの数学者たちも解けないという結論にほぼ達していたようだが、解けないということがしっかりと証明されたのは19世紀に入ってからだった。いつのころからか、この問題を含む3つの問題は、ギリシアの三大作図問題と呼ばれ、並べて扱われるようになった。以下の3つで、そのいずれもが解けない問題である。

一、任意の角を三等分せよ。

二、体積が2倍の立方体の辺の長さを求めよ。

三、円と同じ面積の正方形を求めよ。

解けないというのはどういうことか。それは、解が存在しないということではない。決められた手順では解にたどりつけないということだ。点と点を結び線分を引く、線分を延長する、ある点を中心として円を描く、この3つの操作を有限回組み合わせても、求めるべき長さ（比率）の作図法がない場合があるのだ。なお、ここにあげた3つの操作は、今日の論証的な数学のスタイルの基礎をつくったユークリッドの『原論』の冒頭で、「定義」の次に「要請」として挙げられている5つの基本のうちの3つにあたる。ちなみに、のこりのふたつは、直角と平行線に関するものである。

この三大作図問題のうち、円の面積の問題はやや別の問題なので、ここでは一と二に関して、解けないということの意味をすこし詳しく見てみる。問題の要点は、紀元後4世紀初頭、アレクサンドリアのパップスによる記述の中にも見ることができる。『ギリシア数学史』（トーマス・L・ヒース著、平田寛《ゆたか》訳）によると、パップスは作図の問題を平面と立体と（高次）曲線に分類し、角の三等分の問題が立体の問題になる旨を述べた。これを現代の言葉で言い換えると、角の三等分と立方体の倍積は、3次方程式を解くことに対応するが、定規（直線）とコンパス（円）による作図は加減乗除と平方根の計算の組み合わせに対応するために、それが解けない場合がある、ということになる。立方体は実際に立体であり、その倍積問題が3次方程式であるのは、$x^3=2$を解くことなので理解がしやすい。では、角の三等分はなぜ3次方程式になるのか。それは以下のように考えるとよい。

ある角度に360度を足しても角度は同じだ。さらに360度、つまり720度を足しても変わらない。そのことにより、90度以下のAという角度の三等分を求めるとき、360＋A度や、720＋A度の三等分という値も同時に求めることになる。360度をさらに加えると答え自体が360度を超えてしまうのでそれは除外される。つまり、角の三等分を解く式には解が3つある。解が3つある方程式といえば3次方程式だ（$x^3=2$も虚数解を含むと解は3つである）。

ただ、3次方程式だからといって、その解がつねに作図できないわけではない。たとえば、90度の三等分の作図は容易にできる。角をAとしたとき、その角の三等分である角Xの余弦（コサイン）を求める方程式は、$4x^3-3x-\cos(A)=0$となる。A＝90度のとき、この式は$4x^3-3x=0$となり、$4x\left(x-\frac{\sqrt{3}}{2}\right)\left(x+\frac{\sqrt{3}}{2}\right)=0$ときれいに因数分解ができる。このように式が解けることが、作図ができることに対応する。いっぽう、120度の三等分はそうならない。よって、その角度を必要とする正九角形は作図できない。三等分ではないが、やはり3次方程式を解くことになる正七角形も作図できない。十一、十三、十四角形などもだめだ。しかし、意外なことに、正十七角形は作図できる。これを明らかにしたのは、またしてもというか、フリードリッヒ・ガウスだった。彼は作図が可能な正多角形を示すことに成功し、これにより、事実上、任意の角を三等分する作図法の不可能性も明らかにした。

しかし厳密な証明は、19世紀に入ってフランスの数学者ピエール・ワンツェルの成果を待つことになった。これは、作図によってできる数の特徴の厳密な検討、そしてそもそも数の演算がつくる世界はどういうものになるのかという考えが進展しなければならなかったからだ。演算ということの意味の解明に貢献した功労者は、ノルウェーのニールス・アーベルとフランスのエヴァリスト・ガロアという、夭逝したふたりの若き天才だった。アーベルは、加減乗除と累乗根（平方根などのn乗根）の組み合わせだけで方程式が解けるかという問題を考え、5次方程式以上の場合は、一般にはそれが不可能であることを証明した。そのような解法を「代数的に解く」という。そしてガロアは、代数的に解けない式と解ける式の違いを俯瞰的に示す考えかたを示した。群論と呼ばれる理論で、今日、数学や物理学の枠組みとして欠かせない考えかたになっている。

ところが、こうした積み重ねによって、デロス島の問題、そして任意の角を三等分する作図法の不可能性が証明されたあとでも、とりわけ角の三等分の問題は、それが解けたと主張する人があとを絶たなかった。90度の例のように特別な角度では解ける問題であり、図の見た目で勘違いすることも多かったのだろう。『数学セミナー』の編集長だった亀井哲治郎が、読者の「三等分屋」にうっかり返事を書いてしまい、手紙攻撃に頭を抱えた話（『角の三等分』矢野健太郎、一松信《ひとつまつしん》）は笑うに笑えないものである。

そしてここからは、折り紙の話である。1979年、折り紙と数学を結びつける画期となった『折り紙の幾何学』（伏見康治、伏見満枝）という本が出版された。折鶴の変形や、多面体、折り紙による作図について書かれた本である。

紙をきっちり平面に折って戻すとそこに直線の折り目がつく。紙と机のような平面があれば、鉛筆も定規もなく直線を引くことができる。これを基本として、折り紙においても作図問題が生まれる。このことに関して伏見は、同書に「初等幾何学作図法と折り紙の手法は完全に一致しているように思われる。これに関して言えば、任意の角の三等分を折り紙の世界でも許すべきではないと思う」と書いた。

たしかに、点と点を合わせる、線と線を合わせるといった折り紙でよく使われる操作によってつけられる折り目には、加減乗除と平方根で得られる比率以外はでてこない。そして、数学者や数学を学んだ者は、ガウスやワンツェルの業績により、角の三等分は手をつけるべきものではないことも知っている。天文学者が月の兎について研究したり、化学者が錬金術に手をだすようなことだからだ。任意の角の三等分が出てくるモーリーの定理という美しい定理（図1）が20世紀になるまで発見されなかったことについて、現代のユークリッドとも称されたハロルド・S・M・コクセターは「角の三等分に触れることは、一種のタブーだったのだ」（『幾何学入門』銀林浩《ぎんばやしこう》訳）と書いた。しかし、作図できないからといって、まさにモーリーの定理が示すように、幾何学の世界に任意の角の三等分が存在しないわけではない。プラトンから批判された器具を使えば、それを描くことはできる。そして、そうした「器具」のひとつが折り紙だったのだ。

（次篇につづく）

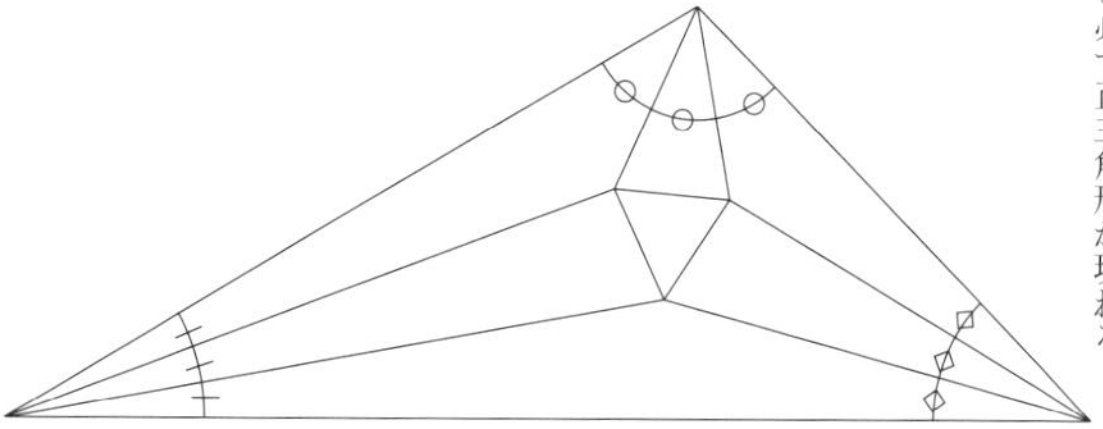

図1　モーリーの定理。いかなる三角形でも、角の三等分線の交点を結ぶと必ず正三角形が現れる。

解けない問題を解く

折り紙による角の三等分

１９８０年、雑誌『数学セミナー』７月号の表紙に、阿部恒《ひさし》による折り紙による任意の角の三等分に関する記事が掲載された。角の三等分に関する読者の誤った投稿に悩まされることも多かった数学専門誌の表紙を、「本物の」角の三等分の記事が飾ったのである。

前篇で述べたように、通常の作図法、すなわち直線と円を逐次的に有限回描く手続きを組み合わせた方法では、三等分を作図することができない角度があることは証明されている。この証明自体はゆるがない。阿部の作図は、通常の作図とは異なる作図である。そこでは、ある点をある線上に、同時に別の点を別の線上に乗せるように折る、それまでの折り紙にはなかった手法が使われている。特殊といえば特殊だが、その折りかたに無理はない。むしろ、一般的な作図における線の引きかたに対応した「点と点を結んで線を引く」ように折る操作のほうが、折り紙においては難しい。具体的な手順は、図１に示したとお

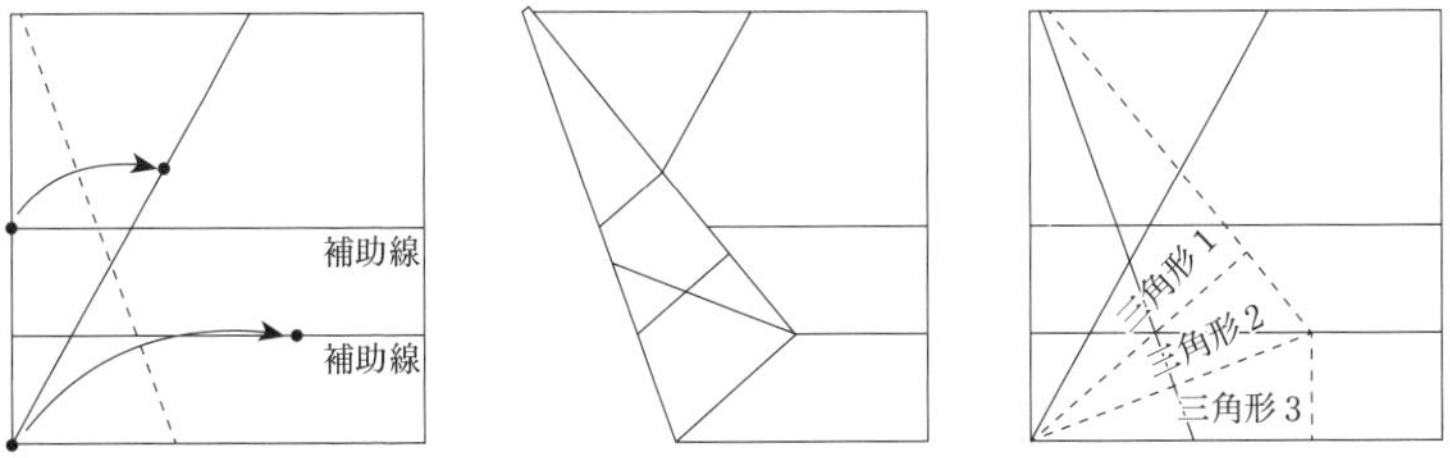

図１　阿部恒による、折り紙による角の三等分。同じ幅の平行線の補助線を引き、ふたつの点がそれぞれの線に乗るように折る。右図の３つの三角形が合同であることから角の三等分が得られる。

りだ。結果が正しいのは、直角三角形の合同の条件から明らかである。

いまから十数年前、30人ほどの集まりの研究会において、阿部氏本人に「なぜ角の三等分をやろうとしたのですか、できると考えたのですか」と尋ねたことがある。質問の意図には、任意の角の三等分が、永久機関を発明したとか相対性理論は間違っているといった言説などと似た、ある種の悪名高い、ふつう手をだそうと思う人はいない問題だったことがあった。思えば失礼な質問である。回答は「できると思ったからね」ということで、それ以上の詳しい話は聞けなかった。会う機会は何回もあり親しくさせてもらったのだが、「伏見康治・満枝夫妻の著書『折り紙の幾何学』に記された『任意の角の三等分を折り紙の世界でも許すべきではないと思う』という言葉に挑戦してみようと思ったのですか」という質問も、し損ねたままになってしまった。彼は２０１５年に鬼籍に入られたので、いまやそれを訊くことはかなわないが、その推測は当たらずとも遠からずだったのではないか、いまはそう思っている。

以上の話は、『折り紙の幾何学』を腐すものではない。むしろ、この本が新しいものを生みだす力を持っていたということを強調したいから記したのである。『折り紙の幾何学』という本は、堅牢な建築物ではなく、一流の物理学者が妻とともに折り紙に熱中し、その幾何学的な面白さに試行錯誤を重ねた記録だった。それゆえに、さらなる発展のきっかけと挑戦すべき課題にあふれていた。手前味噌になるが、この本をきっかけにして発見した折鶴の変形方法は、のちに川崎敏和の学位論文の種にもなり、わたしの自負する成果となった。折り紙による角の三等分もそのような挑戦の課題となったのではないか。

阿部恒は、数学を専門に学んだ人ではない。そして、学校教育の画一性のつまらなさをよく語る人だった。ここでさらにまた想像を重ねることになるのだが、彼のこの成果は青春の夢の実現でもあったのではないか、いまわたしはそんなふうにも考えている。

太平洋戦争がいよいよ激しくなり、若者が明日を想うことが死と直結するようになった1943年の夏、矢野健太郎の書いた『角の三等分』という80ページほどの本が出版された。前篇で触れた本は、この本の復刊に一松信が解説を付したもので、原著は『科學の泉』という叢書の第二巻にあたる。阿部は敗戦時に18歳、戦禍によって学業の夢を奪われた世代にぴたりと当てはまる。彼は当時、この『角の三等分』を手にとったのではないか、そして、後年になって伏見の言葉に触発されて、いわば40年越しの夢を実現したのではないか、わたしはそんなふうに想像したのだ。

旧版の『角の三等分』の末尾に付された「刊行の辞」には「青少年學徒と中學校程度の學力をもつ一般人とに、色色な科學上の大切な事柄を勉強して頂くための本です。（……）大東亜戰下に生まれたこの『科學の泉』がこんこんと湧き出るところ、不可能をさへ可能にしようとする不屈の科學精神をもつて、科學に挺身する日本人が一人でも多く出ること を念じてをります」と記されている。この叢書のラインナップの中には『焼夷弾』といった題も見えて、当時のスローガンであった「科学する心」と結びつく出版物である。なお、「科学する心」という言葉を生んだ医学者の橋田邦彦元文部大臣は、戦後に戦犯とされ、青酸カリウムにより自決している。この叢書はそんな時代の科学の啓蒙書だったのだが、そこには宝石も隠れていた。短い間であったものの、シリーズは戦後にも続き、なかでも矢野の『角の三等分』は、時代を超えて生き残る本となった。その本が、不可能なものは不可能であることを語る本でもあったのは皮肉といえば皮肉だ。ちなみに、この叢書には、和算の研究者である大矢眞一による『折紙の數學』という本も予告されており、どのような内容が予定されていたのか気になるのだが、実際には出版されなかったようだ。

自分自身が定規になる

矢野の『角の三等分』には、その不可能性を解説するとともに、通常の作図のルールから外れた角の三等分の作図法も掲載されている。なかでも、アルキメデスによる方法は鮮やかだ。円の半径と同じ長さをコンパスによって定規の上につくり、それを用いる。ユークリッドの幾何学を語るときの定規の意味は、ただ2点間に線を引くということであり、目盛りをつけることは許されない。アルキメデスの方法は、コンパスを添えることで定規に目盛りをつけて、問題を解決する。定規とコンパスを同時に用いることでルールを逸脱しているのだが、水際だったアイデアだ（図2）。

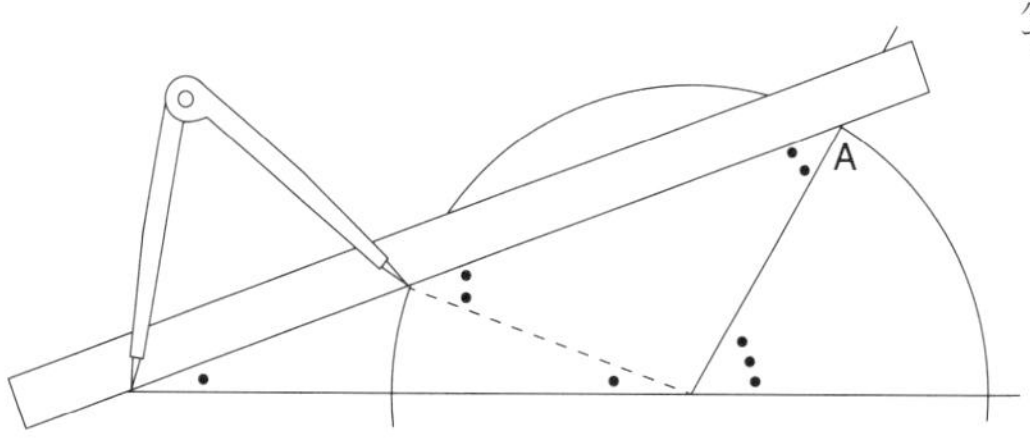

図2　アルキメデスによる角の三等分（矢野健太郎『角の三等分』より）。補助線の円の半径と同じ長さに開いたコンパスを定規に添えて、それらの目安が点Aを基準にして、水平線上と円弧上の点に乗るように線を引くと、その傾きが角の三等分を示す。

この作図法に限らず、アルキメデスの数々の業績を知ると、彼がいかに発想が豊かな人であったのかと思う。そして、プラトンとアルキメデスのスタンスの違いには、哲学と科学の違いも感じる。いわば思弁と実証の違いだ。これは、どちらが優れているというものではない。プラトンが思い描いた幾何学は、目の前にあるパピルスに描かれた図形のことではない。それは、太さのない線や大きさのない点によるイデアとしての図形だ。定規とコンパスも現実の道具のことではなく、イデアの中に存在する直線と円のことである。そこからつくられる世界には正確な正九角形や正七角形が存在しなくてもよい。そこに矛盾はない。関連した話として、ギリシアの数学における図は、図に惑わされないようにあえて不正確に描いたという話もある（斎藤憲『ユークリッド『原論』とは何か』など）。

とはいえ、アルキメデスもまた思弁的というか、ものを考えることを徹底する人だった。ポエニ戦争のシラクサ攻防戦で、地面に描いていた図をローマ兵に乱され、「わたしの図に触るな」と声をあげたことで命を落としたとされる有名なエピソードは、つくり話めいているものの、ローマ兵の振り上げた剣よりも、目の前の、そして頭に描いた図形のほうが重要だった、という話と考えると、不思議と腑に落ちる。そして、75年前の日本にも、戦争という過酷な現実に囲まれながら、数学のことを考えていたかった少年がいたのではないか、とわたしは想像した。

そんなことを思ったのは、矢野の『角の三等分』に、直角定規（曲尺）を用いる方法が記されていたことによる（図3）。阿部の角の三等分はこの方法によく似ているのだ。『角の三等分』では、いくつかの三等分の器具が紹介されたあと、「簡単な器械はもっとほかにもたくさんあると思われますから、諸君自身で工夫してみられるのも興味深いことと思います」と結ばれている。阿部の方法はこれへのエレガントな解答に見える。

数学的に一般化された折り紙の紙は、正方形ではない。しかし、不定形の紙から折るだけで正方形を作図するのは容易なので、出発点を正方形や長方形にしても問題はない。重要なのは、そのように正方形や長方形を出発点にすれば、折り目で線が描かれる平面自体が、同時に直角を有する曲尺にもなることだ。そこに目盛りをふることもできる。描かれた図形自体が特殊な定規になるのだ。平面上に点を結んで線を引くためだけの定規と、円を描くだけのコンパスとは異なる、折り紙の作図のきわだった特徴である。

なお、曲尺を用いた作図や計算は、古来、規矩術として知られているが、歴史的文献の中に、曲尺による角の三等分法は見当たらない。平山諦《あきら》の『和算の歴史』によれば、そもそも和算には「角の概念もない　といっては語弊があるが、和算家は幾何図形の証明で、角の大小、相等などは全く使わなかった」という。また、和算はときに高度な数学も扱っていたが、主に行われるのは数値計算であって、証明や不可能性といった論証的な議論はほとんどなされなかった。曲尺を用いた規矩術の中に角の三等分があったという可能性はきわめて低い。

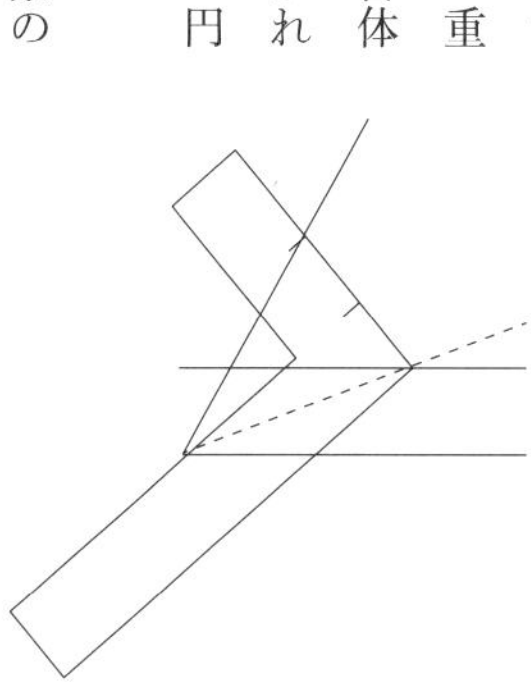

図3　曲尺による角の三等分（矢野健太郎『角の三等分』より）。定規の幅の目盛りがついた曲尺と、定規の幅の補助線により、角の三等分が作図できる。

復刊版の『角の三等分』の一松信の解説によれば、直角定規を用いた角の三等分の作図は、20世紀初頭、ドイツの数学者ルートヴィヒ・ビーベルバッハのものだ。ビーベルバッハは、20世紀末に証明されるまで数学の最難問のひとつとされたビーベルバッハ予想や、ヒルベルトが１９００年に提出した23の難問のうちの第18問題の解決でも知られる優秀な数学者だが、活動的なナチス党員として戦後に公職を追放となった反ユダヤ主義者でもある。彼の語った「北欧ゲルマン系の数学者は理にかなった方法で問題に取り組むのに、ユダヤ人の頭は病的に抽象的な方法を採る」（『世界はなぜ「ある」のか?』ジム・ホルト、寺町朋子訳）という「思想」が、どこかで彼の作図方法の発見にも影響していたのだろうかと考えると、複雑な思いも去来する。

並列する世界

伏見康治の教え子で、イタリアのパドヴァ大学で物理学の研究をしていた藤田文章《ふみあき》は、阿部の成果に強く魅せられた人だった。彼は、１９８９年に第一回の折り紙の科学国際会議の主催者となり、折り紙の学際的研究の礎を築いた。彼は、阿部の折りかたを一般化し、折り紙による正七角形の作図も示した。ただ、立方体の倍積問題を初めて折り紙で解いたのは、わたしの知る限り、やはり阿部である。

その後、折り目のつくる作図の世界に、世界中の多くの人が注目するようになっていった。これらの成果に関して「折り紙はユークリッドの方法を超えた」と称されることもある。間違いではないが、それは、世にいう非ユークリッド幾何学とは意味が異なる。非ユークリッド幾何学というのはユークリッドの『原論』の「要請」にある平行線に関する言明を除外し、平行線はない、もしくは1点をとおる平行線は無数に存在するといった前提によっても幾何学が矛盾なく成立することを示した体系のことである。ユークリッド幾何学は、平面や通常の空間での幾何学を意味しており、その意味では折り紙の作図もまたユークリッド幾何学の範疇である。

また、非ユークリッド幾何学が生まれたからといって、ユークリッドの幾何学が失われたわけではない。同様に、折り紙によって3次方程式の解の作図ができたからといって、線と円による角の三等分の作図の不可能性が否定されたわけでもない。阿部は、著書『すごいぞ折り紙』の中で、古代ギリシアに紙が発明されていたとすれば幾何学も変わっていたかもしれないと述べた。たしかにパピルスは折り目がきれいにつくようには折りにくく、幾何学的な折り目は紙とともに生まれたともいえ、興味深い着眼である。しかし、ギリシアの幾何学の本道は、やはりイデアとしての図形と作図によって成立したと思われる。

こころにとめておくべきは、長い時が過ぎても変わらない「真実」があって、定義や前提によってそれらが並立するということだろう。そのような並列する真実を比べることによって、不可能ということの意味の理解も深まってゆく。そして、並列する価値があるという考えは、ビーベルバッハの述べたような優劣とは無縁である。

単純にして超越

ただし角はない

イタリアの多才なる美術家ブルーノ・ムナーリの著作に『正方形』『円形』『三角形』という三部作があり、図形に関する数々の話題が集められているが、その一冊である『正方形』に、「中国のことわざ」として「無限は正方形をしている。ただし角はない」（阿部雅世訳）という言葉が引かれている。折り紙を表している言葉のようでもあり、気になってきたのだが、他では聞いたことがなく、出典も判然としないままになっていた。

あるとき、寺田寅彦の『変わった話――電車で老子に会った話』を読んで、この出典の謎が解けた。『電車で老子に……』は、「勿体ぶって」「じじむさく」感じていた『老子』を、ふと書店で手にしたアレクサンダー・ウラールという人の訳したドイツ語の本で読んだところ、引き込まれて電車の中で読みふけってしまったという話である。そこに次のような記述がある。

「誤訳ではないかと思うところもある。しかしこのドイツ訳の方がともかくも話の筋がよく通っていて読んで分かりやすいことだけはたしかである。（……）例えば『大方無隅　大器晩成　大音希声　大象無形』というのを『無限に大きな四角には角がない。無限に大きい容器は何物をも包蔵しない。無限に大きい音は声がない。無限に大きな像には形態がない』と訳してある。『大器晩成』の訳は明らかにちがっているようではあるが、他の三句に対してはこの訳の方がぴったりよく適合するから妙である」

訳してあるといっても、寅彦がドイツ語から訳した二重訳だが、たしかにこちらのほうがすっきり頭に入ってくる。寅彦の時代には知られていなかったが、すっかり四字熟語として定着している「大器晩成」も、１９７０年代に発掘された馬王堆漢墓で発見された竹簡の『老子』には「大器免成」とあり、じつは「大きな器にはかたちがない」の意味であった可能性も高い。そして、「大方無隅」の訳としての「無限に大きな四角には角がない」こそが、ムナーリのいう「中国のことわざ」に違いないとひざを打ったのだ。

二十歳前後、わたしはどういうわけか『老子』が好きだった。寅彦ファンでもあったので、この「大方無隅」に気がつくのに時間がかかったのは少なからず不覚ではある。ただ、『老子』が好きだったといっても、読み込んでいたわけでもなく、無為自然の境地を目指していたわけでもない。ある種の箴言集、また妙に身につまされる話として読んでいた。たとえば、二十章「絶学無憂（……）我獨泊兮其未兆　如嬰兒之未孩（……）俗

人昭昭　我独昏昏　俗人察察　我独悶悶　（……）　我独異於人　而貴食母」を、「学ぶことをやめてしまえば憂いはない」「わたしは独り怖気づいて何の兆しもなく、笑うことを知らない嬰児のようだ」「世の中の人は何をするかを知っているのに、わたしだけは真っ暗だ。世の中の人は何をするかわかっているのに、わたしだけは悶々としている」「わたしは独り、人と違っていて、母に生かされていることに甘えている」のような感じに読んで、まさに「我独昏昏、我独悶悶」としていたのである。「而貴食母」は、「母なる『道』に生かされている」などと訳されるのが通常のようだが、「嬰児のようだ」の意味を継いで、単に「親に甘えている」としたほうが、寅彦ではないが「実によくわかる」のであった。

このウラールという人は、19世紀末から20世紀初頭の、ドイツ生まれでフランスに帰化したという作家・中国研究者である。ウラール訳の『老子』は、ベルトルト・ブレヒトの詩『老子の亡命の途上で道徳経が成立するという伝説』にも影響を与えたのではないだろうか。

それはともかく、無限の大きさの方形といえば、古代中国には、大地を方形、天を円とする天円地方という考えかたがあった。創世神話の二神、伏羲《ふっき》と女媧《じょか》がそれぞれ定規とコンパスを持っている図で描かれることがあるが、これも、方なる地と円なる天の象徴なのだろう。図学者の宮崎興二によれば、本邦の神道の神棚も同様の象徴と考えることができ、鏡と剣がコンパスと定規を、そしてしめ縄は伏羲と女媧の絡み合う蛇身を表しているという（『プラトンと五重塔』）。

いっぽう、西洋で正方形と円といえば、思い浮かぶのはやはりギリシアの円積問題である。数年前、『方形の円　偽説・都市生成論』（ギョルゲ・ササルマン）という、ルーマニア語の奇想小説が訳された（住谷春也訳）が、「方形の円」の原題は、円と同じ面積の正方形を作図せよという円積問題も意味する言葉であった。円を正方形化するという表現は、西洋では不可能な試みを示す表現にもなっている。

ギリシアの三大作図問題のうち、任意の角の三等分と立方体の倍積は方程式の次数に還元される問題であったが、円積問題はまた別種の難しさのある難問である。その作図はつまり、円周率を、円弧ではなく直線の長さとして示すことに還元される。それは、19世紀末に不可能であることが証明されるまで、いやその後も多くの頭脳を悩ませた。

どこまでも続く

円周率は、3・14159265 3…とどこまでも続く割り切れない数、その小数点以下の数字が循環もしない数である。円周率のように整数の比で表せない数を無理数という。英語でいえばイラショナル・ナンバーで、レイシオにならない、すなわち、比にならないという意味なので、無理数ではなく無比数と訳したほうがよいといわれることもある。もっとも、ラショナルには理にかなったという意味もあり、日本語でも割り切れるという表現があるので、無理数でもよいだろう。

無理数といえば、2の平方根もそうだ。しかし、2の平方根は作図が可能だが、円周率はそうはいかない。それを線分の長さで示すことはできない。2の立方根も通常の方法では作図はできないものの、$x^3=2$という代数方程式の解である。円周率は、そうした代数方程式の解ではない。無理数にも種類があって、円周率はよりめんどうくさい無理数なのだ。このような、代数方程式の解としては得られない数のことを超越数という。円という単純で明快な図形にそんなややこしい数が潜んでいる。

かつて古代中国では、円周率は10の平方根ではないかと考えられた。小数でいうと、3・1622…で、たしかに惜しい。2の平方根と3の平方根の和も3・1462…で、もっと惜しい。31の立方根なら、3・1413…で、より惜しい。9の2乗に19の2乗を22で割った値を足して4乗根を取るという、いったいどこから導きだしたのか、インドの魔術師とも呼ばれた20世紀初頭の天才数学者シュリニバーサ・ラマヌジャンの式では、3・14159265 2…とさらに惜しいが、そうであっても、こうした代数式で正確に円周率を表すことはできない。

その不可能性は、19世紀末、ドイツの数学者フェルディナント・フォン・リンデマンによって証明されたが、その後も数々の謎が残った。たとえば、円周率の円周率乗が超越数であるかどうかはいまも不明である。そして、円周率を求めることは、かつても、そしていまも多数の者を駆り立てる。以下、その一端を記す。わたしにとって面白いのは、その歴史に、どうやら折り紙も関わっていたということだ。

円周率の近似値を求める問題では、以前の東京大学の入試問題も興味深いので、まずはそれについて述べよう。「円周率が3・05より大きいことを証明せよ」という問題である。円に内接する正六角形から、それが3より大きいことはすぐにわかるが、そこから0・05を上積みするにはどうするかという問題である。正攻法の解答は、正八角形や正十二角形の対角線に対する周の長さ（それぞれ、3・06…、3・10…）を求めることだろうが、無理数がでてこない解法を考えたことがあるので、それを紹介しよう（図1）。

格子の上に半径13の円を描き、その内側に接する図のような十二角形を描く。頂点のうち8点は格子点の上かつ円周上にあり（図の黒丸）、のこり4点は格子点上にはあるが円周上にはない（図の白丸）十二角形だ。ここで鍵となるのは、図に示した直角三角形の辺の長さの（5、12、13）、（3、4、5）という組みが、いわゆるピタゴラス数であることだ。長辺の2乗＋短辺の2乗＝斜辺の2乗というピタゴラスの定理において、すべての辺の長さが整数になる例である。この特徴により、この十二角形の周の長さは、整数の足し算だけで計算できる。80である。

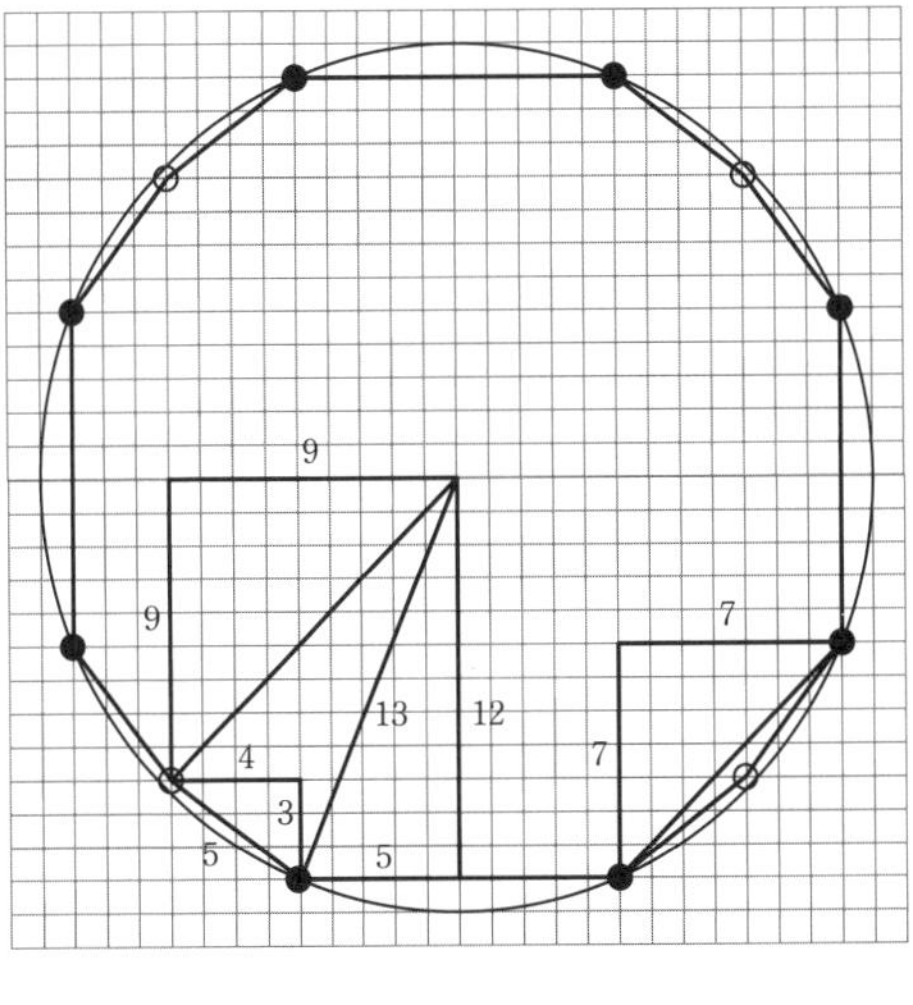

図1　円周率＞3.07であることを示す作図の一例。π＞40/13＝3.07…

これを円の直径である26で割れば、3・076…となる。厳密には、円周に接していない頂点が、となりの頂点間を結んだ線から凹んでなく、かつ円周の外に出ていないことも確認する必要があるが、この確認も、図1に示した長さ9と長さ7の直角二等辺三角形を使えば難しくはない。

以上、問題の解答としては面白いが、円周率の計算としては精度が足りない。アルキメデスは、やはり多角形、しかも外接する多角形と内接する多角形を用いて、それを3・1408…以上、3・1428…以下と求めた。アルキメデスが用いたのは、正六角形から始めた正九十六角形だった。上限と下限を求め、かつその精度が高いのは、さすがアルキメデスである。しかし、それとてむろん完全な値ではない。多角形の辺の数はどこまでも増やさなければならない。そのように、円周率の計算方法に無限の概念が明確に現れるのは14世紀インドにおいてが初めてとされるが、西洋では、16世紀フランスのフランソワ・ヴィエトによる式が古い。

このヴィエトの式に相当する式を、日本の和算家も独自に発見している。和算においても、円周率の値を求めることは重要なテーマだったが、それを式として示すことは見られなかった。渡辺一《かず》（渡辺東嶽）という和算家が示した式はその珍しい例である。式といっても、漢文で書かれているのだが、現代的な式に翻案すると、図2に示したものになる。平方根の無限の入れ子と2の累乗の掛け算という、ほとんど図のような式である。渡辺の

$$\pi = \left(\sqrt{2-\underbrace{\sqrt{\sqrt{\sqrt{\sqrt{\cdots 2+2+2+2}}}}}_{n\text{個}}}\right) \times 2^{n+1}$$

図2　渡辺一による、円周率を表わす式

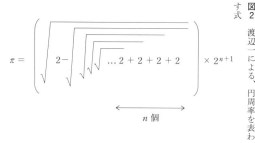

弟子の佐久間纉《つづき》の著書に載ったことで知られるようになったものだが、もとをたどると渡辺の成果で、1805年ごろの発見と推定できる。

一般に和算は、結果のみを書いて、式の導出を明らかにしない。しかしこの式は、正方形、正八角形、正十六角形といった、2の累乗の正多角形の辺の長さの計算から導かれたものと考えられる。その傍証となるのが、渡辺の未刊行の著作『算法身之加減《さんぽうみのかげん》』にある「折鶴の羽の（付け根の）幅を1とした時、羽の長さはどうなるか」という問題なのである（図3）。折鶴の工程には、直角を半分、さらに半分、また半分にと折る操作がある。これが円周率の計算につながる。六角形から始めるアルキメデスとは異なるが、ヴィエトと同じ発想だ。

なお、この式による計算で円周率の桁数を増やすのは、じつは難しい。渡辺の前掲書に

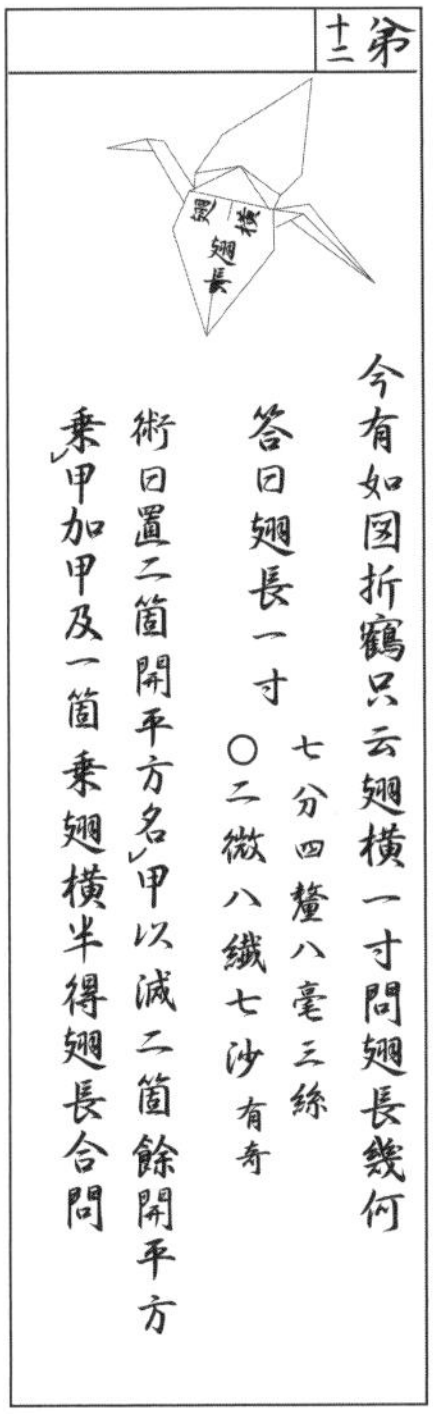

図3　算法書に掲載された折鶴の計算問題。渡邊一『算法身之加減』（文政13年（1830年））からの写し。問題の作成年は天明8年（1788年）から文化9年（1812年）と推定される。

は、式のみならず、50桁にも及ぶ値が書かれているが、桁数からみてこの値は、和算史に名高い建部賢弘《たけべかたひろ》がより計算のしやすい別の方法で求めた値を引用したものであると思われる。

渡辺は、福島の二本松の出身で、墓所もそこにある。墓石に刻まれた「東嶽院不朽数學居士」という戒名からも、いかに数学に打ち込んだ人だったかがわかる。彼には『数學表裡辨《ひょうりべん》』という自らの数学観を述べた著作もある。その題の意味するところは、数学の実利的な面が表《おもて》で、理の探求が裏であり、それらが表裏一体でなければならないということだ。

天下国家を治めることを旨とする学問の道ですら、学ぶ者の志によってその身の破滅をまねく恐れがある。我が数学の道もそうである。奇をてらって技巧にはしり、人に勝つことを求め、名誉を得ることに傾くと、自分を失い、人を損なうことばかりが多くなる。ひたむきに数の自然の変化のさまざまを見て、混沌のあるがままをうけとめ、天地万物の自然の有り様を楽しめば、身を修めて徳も得て、天下国家を平安に治める奥深いものにも達することができる。算術を天下に役立てるのは数学の表である。算法をもって世界の現象を調べ理論に昇華させ理解するのは数学の裏である。表と裏はふたつではなく根本はひとつである。学ぶ者の志の違いでふたつに分かれるのだ。先人は、道が同じ者は互いに尊敬するが、芸が同じ者は互いを妬むと言った。算術は芸である。数学者は天地万物の眞理を考え抜いて、その心を正すのが正道である。

わたしは、福島の山中、猿や鹿の啼き声の響く安達太良連峰の鬼面山の山麓に、きこりや山賊とともに育ってきた者で、文学の道には明るくないが、この評論のついでに、弟子の迷いを解くために、下手な文章を繰り返してこれを記している。学のある人たちは、これを見て笑わないでほしい。いっぽう、この論に深くなじむのは、世にいう理屈者におちいっているかもしれないことに注意してほしい。聖人君子の述べたことも、理解のしかたによっては、後世の害になることもある。ひたむきに、世の理屈にとらわれずに、天地自然の真理に徹して、深淵のそのまた深みを打ち破って、混沌、未分、虚無のあるがままを受けとめて、ただそのままの数をじかに味わって知るべきなのである。ただ伝え聞いて学び知るのは実のある智ではない。以上のようなことなので、このことをよくよく思いつとめて守り、知ることに励むほかはないのだ。

奥州二本松藩数學士

東嶽こと渡辺一記す

文化九壬申年十月

（『数學表裡辨』より。ただし前川による現代語訳）

渡辺は実際に、山津波で壊滅した温泉の引き湯の設計をするなど、実地においても活躍した人だった。『炮器製作算法』という砲の製造法を記した著作もある。戊辰戦争において21歳の若さで戦場に散った、二本松少年隊隊長の木村銃太郎は彼の曽孫で、銃太郎もまた幼いころから算法に秀でていたという。数学は軍事の隣りにある学問でもあった。

折鶴の計算問題は、気の利いた問題として好まれたようで、渡辺の弟子筋に伝わり、いくつかバリエーションも生まれた。それらのうちの数点は算額として遺っている。算額というのは、数学の問題と答えを扁額に書き、寺社に奉納する一種の絵馬で、近世の人びとの向学心を考えるうえでも貴重な民俗だ。折鶴問題が載った算額を奉納したひとりに、児島敬和《（読み不明）》という人がいる。流派（そう、和算には流派があったのだ）からいうと、渡辺とは違う流派に属する人なのだが、彼はこの折鶴の問題が気にいったのだろう。

児島の算額は１９６９年の調査で明らかになったのだが、その後行方不明になってしまった（『千葉県の算額』平山諦他）。掲額していた千葉県印西市の竜湖寺に訊いても、詳細はわからなかった。また、彼の伝記的事実の詳細も調べきることができていない。なぜわたしが彼に興味があるのかというと、彼の算額に天球の座標を計算する問題もあったからだ。折り紙の幾何学と天文の計算。幕末の房総に生きたこの人が、わたしの先輩のように身近に思えたのだ。科学も数学も変わってゆくが、変わらないものもある、と。

すこしずれている

幅のある線

一番線に電車がまいります。黄色い線の内側に下がってお待ちください。

耳慣れていたアナウンスだが、最近は「黄色い線まで」という表現になっているようだ。これはたぶん、黄色い線の外側に下がってくださいのほうがしっくりくる人がいたからだ。わたしもホーム側が外だと思っていたひとりである。

そもそも線が閉じていないと内側も外側もない。ホームの黄色い線は閉じてはいない。しかし、線路を囲む線として解釈を拡げて、駅間にも仮想的に線が続いていると考えることはできる。ターミナル駅では車両止めを囲むように線があると考える。そうすれば、その黄色い線は線路を囲む閉じた領域をつくる。環状線の場合は、ふたつの同心状の閉じた輪があってその間の領域になるが、同様に考えることはできる。上下線でホームがひとつの島型のホームの場合、上り線側と下り線側の黄色い線をつないで、ホーム上で閉じた領域をつくることもできるが、それらは特殊な例で、基本は線路を囲む線としよう。その閉じた領域を考えると、線路側を内側と呼ぶほうが自然に思えないだろうか。

ただ、さらに検討すると、線路を囲む閉曲線があるのは、無限の平面ではなく、地球の表面という有限の世界であることに思いいたる。それゆえ、面積の大小を考えなければ、線のどちら側も線を境界にした閉じた領域と考えることができる。どちらが内側か外側かは見かた次第だ。線路のない部分を内側と定義すれば、自分の家までも含めて世界の大半が黄色い線の内側になる。

それでも話は終わらない。黄色い点字ブロックの並びははたして線なのかという疑問に戻ると、疑問は拡大してゆく。幾何学において線は幅を持たないので、その意味ではブロックの並びは線ではない。ただ、日常の言葉では線は幅を持ってもよい。となると、黄色い線の内側というのは、あの線の幅の中というふうにもとれる。電車が来そうになったら、人はみなあのブロックの上に立つ、もしくは、それが正しく線だった場合、人が幅のない薄っぺらなものになって線の中に入る。ただその場合、幅のない線に黄色という色はありうるかという問題も生じる。

ここまでくるといかにも考えすぎだが、線であって線ではないという話は、たとえば、円周率はどこまで正確でなければならないかという話にもつながっている。半径5センチメートルの円をコンパスで描くことを考える。5センチメートルというと小さいようにも思えるが、野球のボールの半径がだいたい3・7センチメートルなので、まあまあ大きい円である。描いた線の太さは0・5ミリメートルとしよう。シャープペンシルで一般的な太さだ。中心から線幅の中央までが理論上正しい半径とすれば、線の外側の半径は50・25ミリメートル、内側は49・75ミリメートルとなる。これの2倍に円周率をかければ、円周の外側の長さは約316ミリメートル、内側は約312ミリメートルと計算できる。つまり、この図における実測的な円周率は、3・12から3・16ぐらいの幅がある。それより細かい数値は線の幅に紛れてしまう。この線の幅の間をジグザグに動けば、線の長さはさらに伸び、理論上は無限にもなりうる。

関連した話では、紙の上に円を描いてそれを地球の断面と考えると、エベレストも線の幅の間に入ってしまうという話がある。8000メートルの高峰も地球の半径の1000分の1ぐらいだからだ。中谷宇吉郎の『地球の円《まる》い話』に書いてある話だ。鉛筆などを用いた実際の作図というのはそういうものだ。定規とコンパスによる作図では不可能な任意の角の三等分ができたと思ってしまった人の中には、目の前の図にはつきものの、こうした近似を正しいと思い込んでしまった人もいたのだろう。

円周率は何兆もの桁が計算されている。計算機の性能と計算の手順の優秀さを測る指標にもなるので、そのような計算には意義がある。計算をする過程で、円周率に関して思いがけない発見があるかもしれない。しかし、実用の計算でそのような桁は必要ない。かなりの精度が要求される天文学の天体追尾計算においても、扱う数の有効数字はせいぜい十数桁だ。計算機の基本構造による制限でもあり、計算方法と手順のどこで使う数字なのかによっては誤差の拡大に注意する必要はあるが、基本的にそれ以上の桁は要らない。

正確さと美しさ

だからといって、理論上正確な作図というものに意味がないわけではない。作図は技術である以上に論理の厳密性の表現だからだ。ところがその論理としての作図を目指しながら、そうなっていない場合も案外多い。作図が近似なのかそうでないのかを調べることは、かつては難しい作業だった。その確認が手順さえ踏めば誰にでもできるようになるのは、17世紀、ルネ・デカルトによって座標を用いて数式で図形を確かめることのできる幾何学、解析幾何学が生みだされてからだと考えていい。それ以前は、さまざまな人が不正確なものを正確であると思い込んで描いていた。

たとえば、レオナルド・ダ・ヴィンチは、正五角形の作図において正確な方法を用いていた形跡がない。いくつかの方法を使ったようだが、そのひとつは図1に示したものらしい（デューラー『測定法教則　注解』下村耕史訳編の注解による）。美しい作図法だが、これは、108度となるべき内角が108・36…度という近似になっている。

同じルネサンス期の画家、アルブレヒト・デューラーも、著書『測定法教則』に、これ

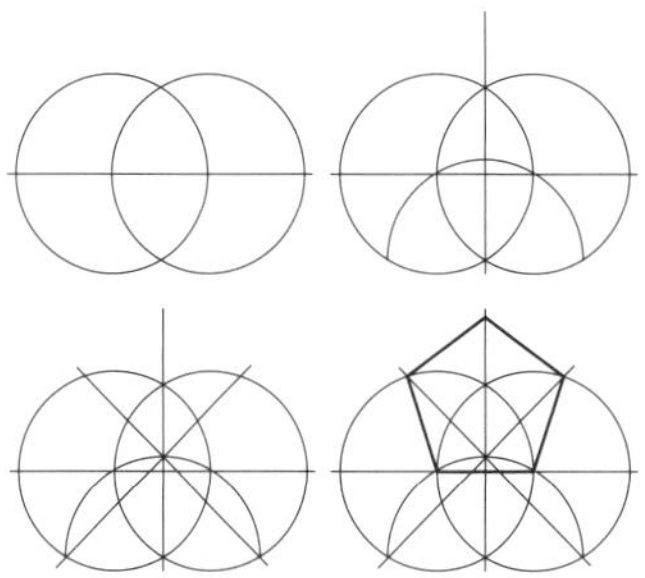

図1　ダ・ヴィンチも用いた正五角形の作図（近似作図である）

と同じ作図法を紹介しているが、正確な正五角形の作図法も併せて示している。デューラーの数学の力量はたぶんレオナルドより高い。彼は、多面体を辺に沿って切り開く展開図という概念を初めて提示した人で、遠近法による描画を理論立てて説明した先駆者でもある。代表的な版画『メレンコリアⅠ』に描かれた多面体は、興味深くかつ謎に満ちているという。この版画には、升目の中の縦横斜めの数をそれぞれ足しても同じ値になる「魔方陣」という、数学の知識なしには描けない図像も見える（これらについては次篇「五百年の謎」で詳しくふれる）。

しかし、そのデューラーも間違った。『測定法教則』、実際の題名を訳すと『線、平面、立体におけるコンパスと定規による測定法教則、理論を愛するすべての人の利用のために、アルブレヒト・デューラーの著した説明図付きの書　1525年印刷』（下村耕史訳）というのだが、その本で、正七角形の作図を、近似であると断らずにたぶん正しいものとして示している（図2）。180度の7分の1（25・71…度）となるべき角度が、この図では25・65…度で、のちに、ヨハネス・ケプラーが『世界の調和』（1619年）において、正しくないことを指摘した方法なのである。なお、正七角形に関しては、文献自体は残っていないものの、アルキメデスが、定規とコンパスでは作図不可能であることを認識した上で、正しい方法を示したという話が、イスラムの数学者の引用によって伝わっているという（T・L・ヒース『ギリシア数学史』平田寛訳）。

図2　デューラーの正七角形の作図
（近似作図である）

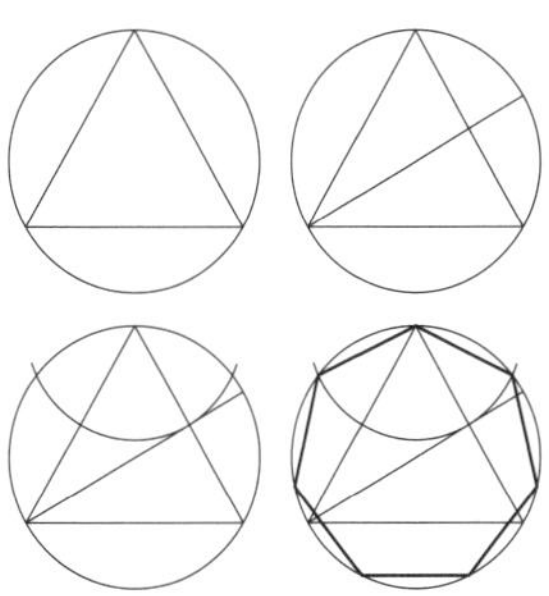

時代を超えているかのようなアルキメデスの天才のほうがたぶんどうかしているのであって、レオナルドやデューラーのような間違いは不思議ではない。その証拠というか、実証と論理により近代科学の扉を開いた、かのガリレオ・ガリレイも誤った。晩年に口述筆記でまとめられた『新科学対話』（１６３８年）の放物線に関する話だ。自身を投影したサルヴィヤチと聞き役の市民サグレドの会話で、物体を投げた際の軌跡、すなわち放物線を論じたあと、次のような記述がある（今野武雄、日田節次訳）。

サルヴィヤチ　（……）外《ほか》でもありませんが、多少きつく張られた綱が、抛物線《ほうぶつせん》によく似た曲線の形をとるといふことです。（……）そしてこの合致は、抛物線の曲がりが小さいほど、卽ち強く引っ張られるほど精確であって、もし仰角を45°以下にして描いた抛物線を用ひるならば、鎖はこれと殆ど完全に一致する程なのです。

サグレド　では細い鎖を使って、平面の上にてつとり早く、多数の抛物線が描けるわけですね。

サルヴィヤチ　正しく、かつ極めて便利にです。

しかしだ。「よく似た」「一致する程」という保留はあるものの、鎖を下げたときにそれが描く曲線は、どう調整しても放物線には一致しない（図3）。下げた鎖と投げた質点に

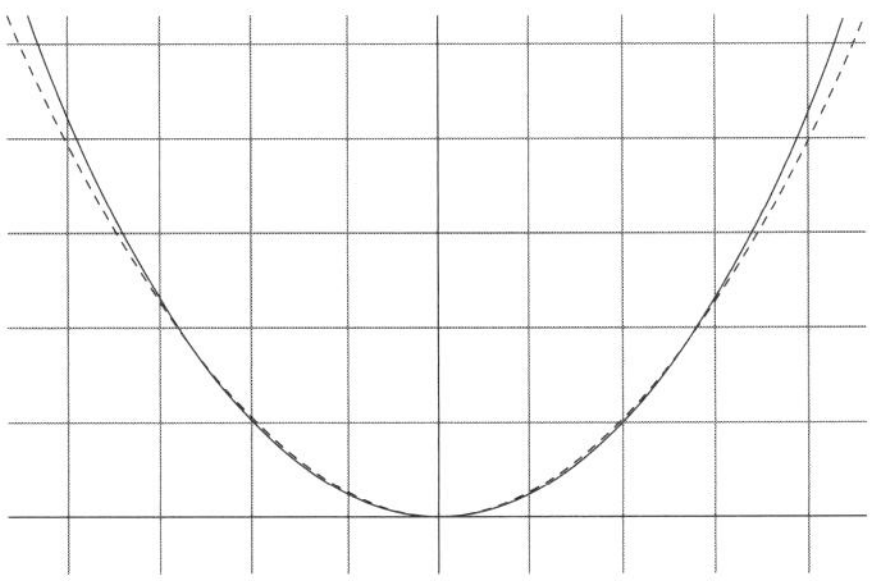

図3　放物線（点線）とそれに合わせようとした懸垂線（実線）（合わせることはできない）

働く力学は、異なるものだ。この曲線（懸垂線）を表す正しい式（$y=e^{x}+e^{-x}$）は、『新科学対話』から約50年後、スイスのヨハン・ベルヌーイやドイツのゴッドフリート・ライプニッツらによって示されるのを待つことになる。

近似的な作図といえば、着物に家紋を描く伝統工芸職人、紋章上絵師《もんしょううわえし》の作図の多くもまたそうである。紋章上絵師でもあった作家・泡坂妻夫《あわさかつまお》は、著書『家紋の話――上絵師が語る紋章の美』で、1925年発行の武田政己著『紋章』を引いて、武田菱のような菱紋について次のように語る。円に外接する正方形から決めた菱形（図4）こそが、上絵師が「長年の勘」で知った「一番美しい菱の高さ」である。そして、「ひょっとしたことから、この菱の鈍角と正五角形の各角度がぴったりと一致することに気づいてびっくりしてしまいました」と。しかし、この描法による菱形の鈍角は、正五角形の108度でなく、109・47…度である。

ただ、この菱形は特別な菱形で、それはそれでたいへん興味深い。結晶学において重要な菱形十二面体（図5）の面の比率なのだ。家紋の菱形が、正三角形をふたつ合わせたものではなく、このかたちであるというのは面白い。

菱餅の菱形

菱形といえば雛祭りの菱餅も連想される。前掲の『家紋の話』には、菱餅の菱形は正三

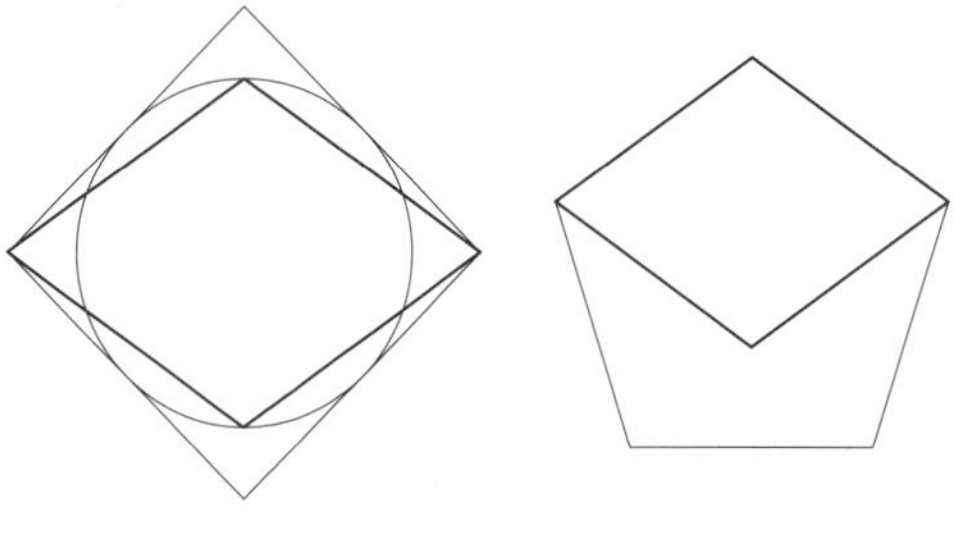

図4　紋章上絵師による「一番美しい」菱形と正五角形内の菱形（ふたつの菱形はよく似ているが同じではない）

角形をふたつ合わせたかたちであると記されているが、わたしはそのかたちが気になって、雛飾りの菱餅の台や市販の菱餅を計測して廻ったことがある。百貨店の店頭や資料館でそれを計測していたわたしは、かなり怪しい人だったろうが、その多くはたしかに正三角形をふたつ合わせた、鋭角60度の菱形であった。しかし、鋭角が45度のものや対角線比が1対2（鋭角は約53度）のものも少なからずあった。

菱餅の起源のひとつとも推定される菱葩餅《ひしはなびらもち》というものがある。現在は正月の菓子として知られているが、宮中の行事に始まるとされるもので、白い円形の餅に赤い菱形の餅と直線の牛蒡と餡をのせて包む菓子だ。性的な象徴も思わせるが、妙に幾何学的でもある。歴史民俗学者の吉野裕子によると、菱形というかたちは女性を象徴するという。また、図学者の宮崎興二は、雛人形の男雛の笏と女雛の扇も直線と円を象徴するという。菱葩餅は、円と直線の調和の象徴なのかもしれない。

わたしが考えたのは、各種ある菱形の中で、どのような菱形が菱餅のかたちとして一番ふさわしいかということだ。それは、円と正方形の組み合わせからきれいに描ける菱形ではないか。そのような菱形にはふたつ思いいたる。ひとつは、前出の正五角形の内角の近似になる家紋の菱形だ。そしてもうひとつは、鋭角が45度の菱形である（図6）。これは折鶴のかたちでもあるので、折り紙好きとしてはこれを推したい。実際そのような菱餅の台もあった。もちろん、紋章上絵師の「一番美しい」と同様の、折り紙研究者としての

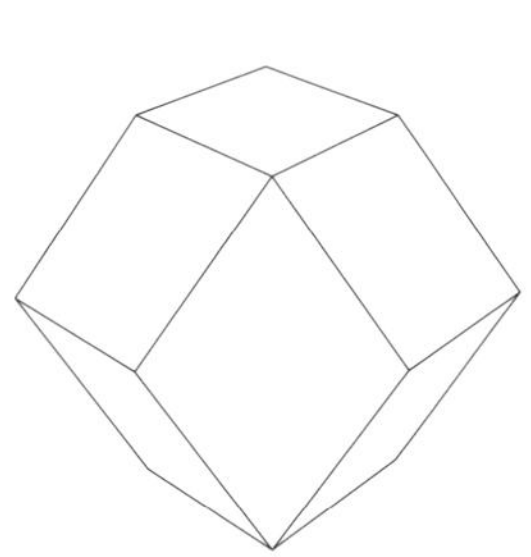

図5　菱形十二面体。空間を埋めつくすことのできる立体である。

「一番美しい」だ。「ひし餅のひし形は誰が思ひなる」（細見綾子）という句があるが、わたしが思いなる（自然とそう思う）のはこの比率の菱形なのである。

アルキメデス的な明晰さ、画家や絵師の工夫と手業の妙、そして、想像をたくましくさせる象徴的な意味。わたしは、それのどれもが面白い。ただ、それらはすこしずつずれてしまって、証明ということからはほど遠い。

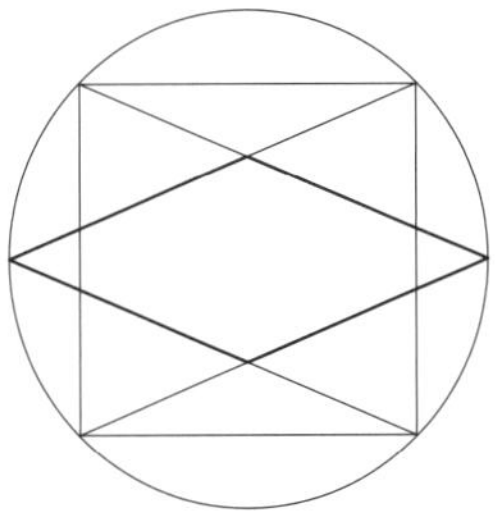

図6　円に内接する正方形から描く、折鶴の菱形

五百年の謎

デューラー・コード

コンパスを手にした天使（有翼の人物）が、頬杖をついてなにやら考え込んでいる様子を描いた銅版画、アルブレヒト・デューラーの『メレンコリアⅠ』の制作年からちょうど500年目の2014年、その版画の数々の謎のひとつ、画面に大きく描かれた多面体（図1）がはたしてどんな形状で何を意味しているのかについて、500年の謎が解けた！とばかりに新説を披露したことがあった。その多面体は、正多面体のような一般的な多面体ではなく、ほかでは見たことのない立体なので、これはいったいどういうものなのかと気になるかたちをしているのだ。その新説を要約すると、以下である。

まず、この立体が球に内接すると仮定して、その側面の五角形の比率を求めてみた。すると、そこから求めた解のひとつ（長軸$\sqrt{5}$、短軸$\sqrt{3}$となる菱形の鋭角の頂点のひとつを辺の二等分線で切り落としたかたち）が、画面全体の縦横比にぴったりと重なっていた（図2－

1)。

　これだけでも大発見と思ったのだが、さらに、求めた比率によるこの立体の投影図は、画面右上にある4×4の魔方陣の枠組みにきれいに当てはまった（図2－2）。なお、魔方陣というのは、縦横斜めの数字の和が同じになる数の行列で、ここに描かれた魔方陣の下一段は、作画年の1514年を示す15と14の並びになるという凝ったつくりになってい

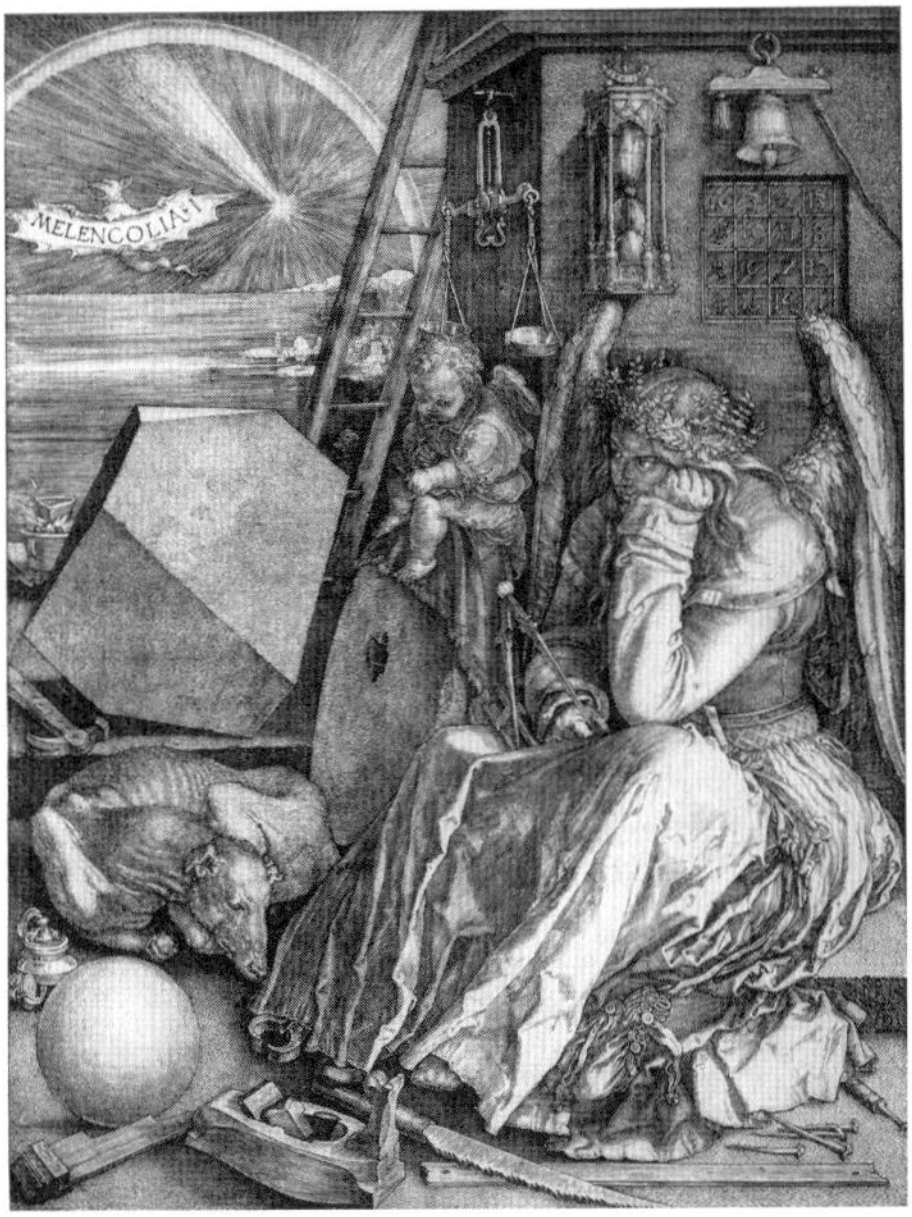

図1　デューラー『メレンコリアI』。左側に大きな多面体が描かれている。

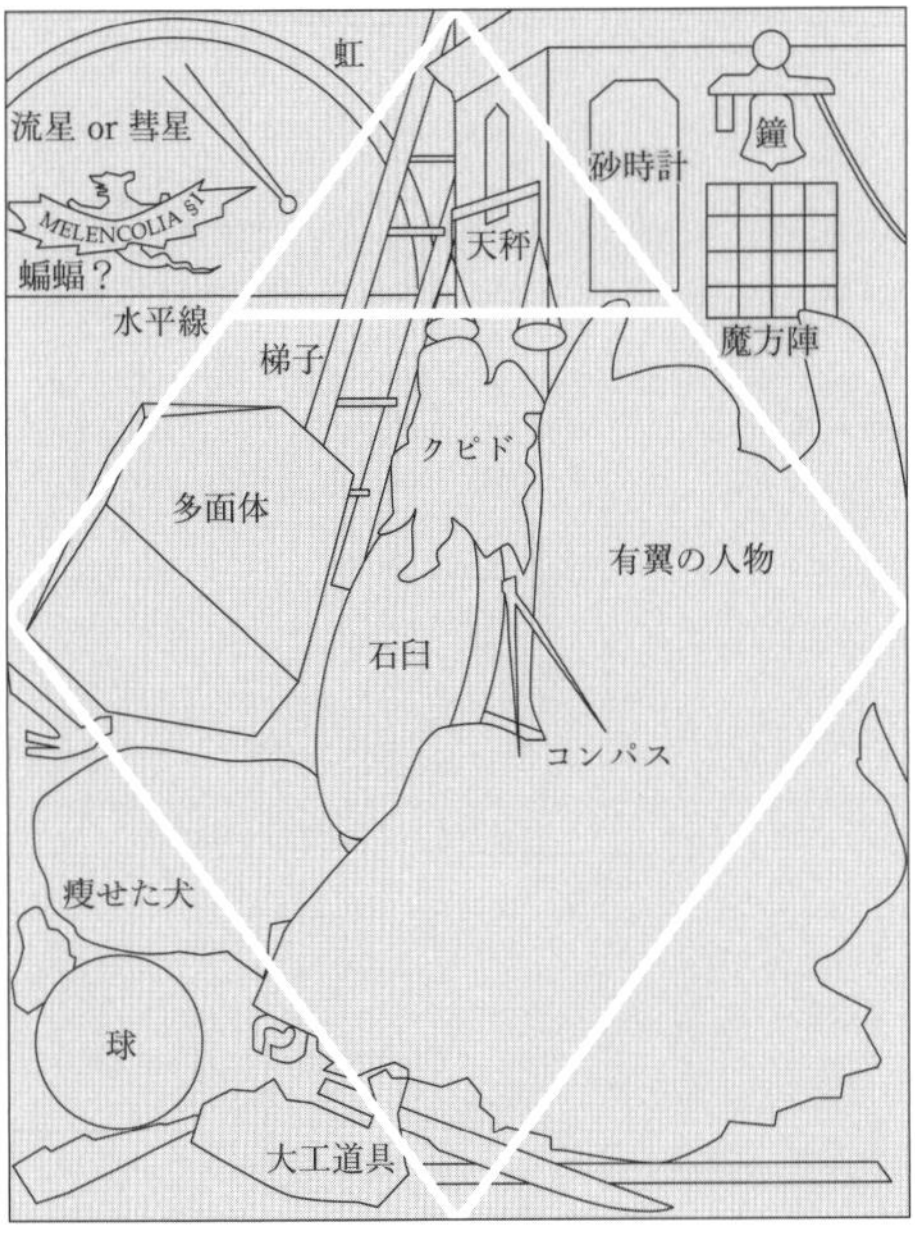

図2－1

る。つけ加えると、4×4の正方形に円を重ねたこの図は、デューラーも強い関心を持っていたとされる、円と同一面積の正方形を求める「円積問題」の近似作図でもある。

さらに、この多面体は、「地」を象徴する立方体が「空」を象徴する正八面体に変化するときの中間のかたちとも考えられる（図2－3）。それは、画面の最大のモチーフである天使にふさわしいものだ。そして、球に内接しながら立方体が正八面体に変形するという条件において、わたしが求めた比率は、立体が体積最大になるときのきわめて精度の高い近似値なのであった。時代的にデューラーは微積分を知らなかったので、それが解そのものであると思った可能性もある。最後に、この比率の面のかたちの作図方法も考えてみたのだが、それも、当時の技法にふさわしいものになった（図2－4）。

以上、一部多面体好きの間では評判を呼んだ説で、この名画を所蔵している新潟県立近代美術館において、画《え》の前でスマートフォンを出して計算をしはじめ、写真を撮っているのかと疑われ、学芸員に注意されたのも、恥ずかしいが忘れがたい想い出である。

ただ、この謎はこれですっきり解けたわけではない。パズル研究家の高島直昭の協力を得て、画面の遠近法をより正確に解析したものから導き出した比率は、わたしが見つけたと思った比率からわずかにずれていたのだ。また、画面の縦横比である約1・29が、北米で流通しているレターサイズという紙の規格の比率に高い精度で一致しているという奇妙な謎ものこった。デューラーのほかの版画にはこの比率は見当たらないので、これはな

図2－2

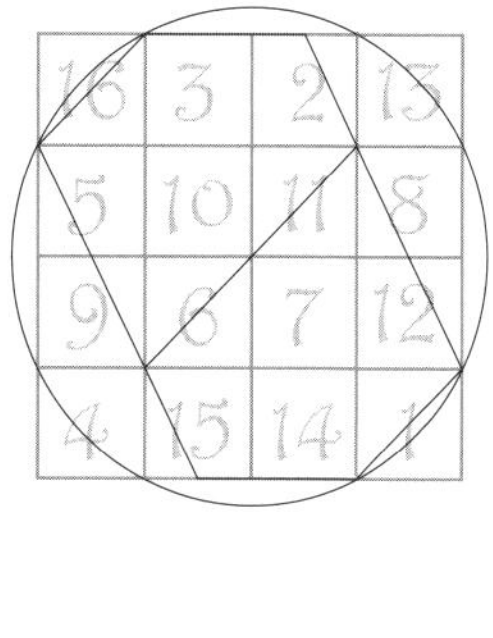

図2－3

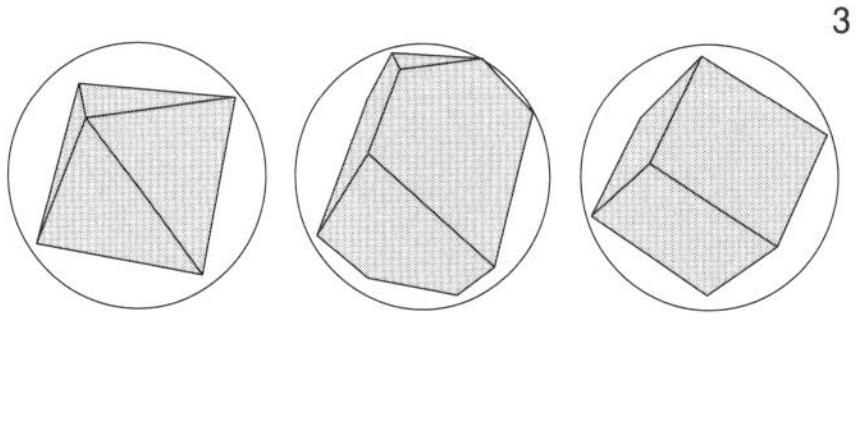

おさらに奇妙なのである。「幻想の補助線」でも触れたように、偶然の一致は珍しくないものだが、新大陸にユートピアを夢見たドイツ系移民が印刷業を生業にしたという話もあるので、それを薔薇十字団やフリーメーソン等と結びつければ、『ダ・ヴィンチ・コード』（ダン・ブラウン）ならぬ『デューラー・コード』的な話ができそうだ、などとも空想した。

この『メレンコリアⅠ』という版画は、美術評論家ハルトムート・ベーメによって「解釈の迷宮」とまで呼ばれ、西洋絵画史の中でも最も謎の多い美術作品のひとつである。多面体の比率や意味のほかにも汲めども尽きない謎がある。そして、デューラーに関する謎は、この版画に限るものではない。ほかにも気になることがいくつかあるので、以下、その一端を紹介しよう。

たとえば、『荒野の聖ヒエロニムス』（１４９４年）という油彩画の裏に描かれた赤く輝く星はなにかということである。そこには、軌跡のような筋を残し、放射状に光を放つ星が迫真の筆で描かれているのだ。鑑賞者の目に触れることのない板の裏に描かれた絵ということ自体が謎めいているが、筆致からしてデューラーの手になるものとして間違いないと言われている。彼が描いた天体現象では、木版画『黙示録——第五、第六の封印』の流星雨のような描写も興味深いが、それらが様式化された描法であるのに比して『荒野の聖ヒエロニムス』の裏の星の絵はリアリズムに見えるので、より興味をそそられるものにな

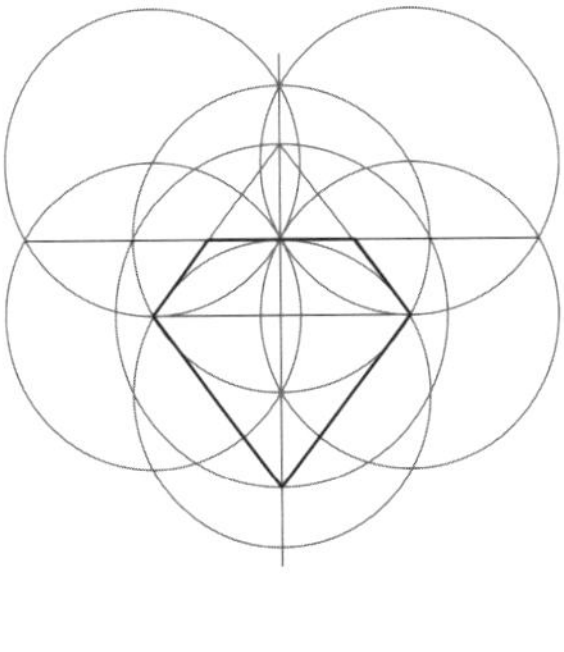
図2-4

っている。

これに関しては、アメリカの惑星地質学者ウルスラ・マーヴィンによる指摘がたぶん正しい。彼女はそれを、多くの研究者がそれであろうと指摘してきた、地球の近くを通過した彗星を描写したものではなく、大きな流星（火球）、つまり、地上に落下しつつある隕石であると主張した。１４９２年に独仏国境のアルザス地方のエンシスハイムに落下し、いまも市立博物館に展示されている巨大な隕石という物的証拠もあって、デューラーがそれを目の当たりにした可能性も伝記的に無理がない。

実際、横方向に軌跡を残し、雲を切り裂き放射状に光、あるいは破片を放つこの絵の赤い星は、隕石の描写にぴったりだ。放射状の光ということでは、２００７年に近日点を通過したマックノート彗星など、彗星の尾が放射状に見えることもあるが、そう見えるのは、細かな塵からなるダストテイル《塵の尾》が、太陽風（プラズマの流れ）によりそれと反対方向に伸び、軌道に応じて放射状になる場合である。それは軌道曲線から毛羽立つ鳥の羽のようなかたちであって、一点から放射状になるこの絵のようにはならない。

また、まったく別の謎として、銅版画の『アダムとエヴァ』においては木の実が無花果《いちじく》であるのにたいして、それから3年後に描かれた油彩画の『アダムとエヴァ』ではそれが林檎となっているのはなぜかということも興味深い。これは、いわゆる禁断の木の実がいつから林檎として定着したのかという表徴の歴史と合わせても、さまざまに考えたくなることである。関連して、リルケの詩『林檎園』に、「このデューラーの絵のような樹々の下に」（富士川英郎訳）と林檎の木々を指すと思われる言葉が記されているのだが、それがどの絵を指すのか皆目わからず、知る限りどの絵だと誰も指摘していないということも気になっている。

謎とは異なるが、彼の絵の描写技術の高さから、そこに描かれた動植物の種《しゅ》を、博物画を見るように同定するのも一種の謎解きの楽しさがある。草を描いた水彩画では、カモガヤ、タンポポ、オオバコ、ノコギリソウなどがそれとわかるし、生き生きと描かれたクワガタムシはヨーロッパミヤマクワガタ以外のなにものでもなく、彼が大顎を広げて怒っているのがありありと伝わる。野兎は耳が長く見えるような気もしていたが、視点が正面に近いために体が小さく見えるだけで、モデルは間違いなくヤブノウサギだ。顔も体も細くて、カンガルーみたいな兎である。いっぽう、有名な犀の版画は、奇妙な実在感はあるが、実物を見て描いていないことがわかる。

「貴下がそれを綺麗に保存されるなら、それは５００年間美しく瑞々しく保つことを確信しております」と書いた書簡が遺っている（１５０９年、前川誠郎訳）ように、デューラーは、自らの絵の５００年後も想像していたようだ。わたしのように絵を前にしてあれこれ考えているのは、彼の術中ということなのだろう。

デューラー予想

デューラーの伝記的事実や絵画に秘められた謎や疑問は、本人に聞くことができない以上、永遠に解けないものもあるだろうが、解ける可能性があるのに解けない謎もある。デューラー自身が明確に提示したものではないのだが、20世紀にジェフリー・シェパードによって定式化された数学の予想、いわゆるデューラー予想である。予想ということは今も証明されていない、次のような命題である。

〈あらゆる凸型の多面体は、面がいずれかの辺で一連につながった展開図にすることができる。〉

デューラーには数学者という側面もあるが、その業績のひとつが、多面体を面のつながりとして平面に示す図、いまでは一般的になっている「展開図」の考案である。彼はその創始者と考えられているのだ。このことによって、さきの命題は、デューラー予想やデューラーの問題の名で呼ばれる。

たとえば、立方体の展開図を考える。これは図3のように11種類ある。

定理中にある「凸型の多面体」というのは、立方体と同様に、要するに凹んだところがない多面体である。より厳密にいえば、その表面から任意にふたつの点を選んでそれを線分で結ぶと、それが必ず多面体の内部を通過する多面体のことだ。そのような多面体にお

図3　立方体の展開図11種

いて展開図が少なくともひとつは存在するというのは、間違いないように思える。実際、立方体には11種もある。しかし、面のつながりを考えてゆくと、場合によっては面が重なってしまう。その判定が思った以上に難問で、どんな凸型多面体でも展開図が存在するかどうかはわからない。例として、立方体のひとつの頂点を切り取った立体を考える（図4）。これをよくある十字形の立方体の展開図のバリエーションで考えると、面が重複してしまう。この立体の場合は、展開図を工夫すれば重複しない展開図をつくるのは容易だが、どんな立体にもそういう手があるかは証明できていない。

多面体の展開図は、それが多すぎて扱うのが難しい場合もある。立方体の展開図は11種なので、注意深ささえあれば誰でも数え上げることができるが、正五角形十二面からなる正十二面体の展開図の数がいくつになるかというと、これは4万3380種にもなる。この数値は、ザビーネ・バウゼット、フレデリック・ヴァンダム、サイモン・ヒッペンメイヤーによって、20世紀の後半になって判明したことだ。堀山貴史による、この展開図を一ページあたり100種掲載した400ページ超のカタログを見たことがある。余興の意味もあってつくったものだと思うが、ハードカバーの堂々たる大著であった。

ここで、正多面体とは何かをあらためて説明すると、すべての面が同じ正多角形で、どの頂点も同じ状態の多面体のことである。これは、正四面体、正六面体（立方体）、正八面体、正十二面体、正二十面体の5種で、5種しかない（図5）。プラトンが『ティマイ

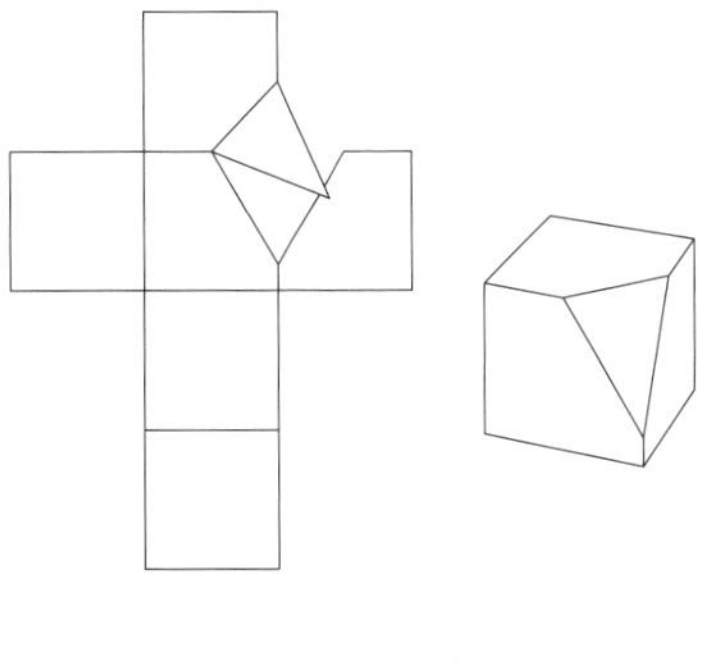

図4　面が重なってしまう展開図。この立体の場合は、工夫をすれば重なりは避けられる。

オス』の中で世界をかたちづくる元素に結びつけた立体であり、さきのデューラーの多面体の解釈でも、「地」を象徴する立方体と「空」を象徴する正八面体という話を示したように、神秘的な立体と考えられていた。

なお、正多面体の条件に「どの頂点も同じ」という条件が加わっているのは、すべての面が正三角形である凸多面体には、正四面体と正八面体、正二十面体のほかに、六、十、十二、十四、十六面の多面体もあるためだ。それらは四、八、二十の３つの正多面体を含めてデルタ多面体と呼ばれるが、４以上20以下の偶数デルタ多面体がすべてそろっているかというと、十八面体はない。これも、多面体というものが一筋縄でいかないひとつの例ともいえる。デルタ多面体のうち正多面体でないものは、ややつぶれていたり、ラグビーボール的だったりして、正多面体に比べて対称性が劣る。

というわけで正多面体は5種なので、その展開図カタログも全5巻にするべきところだが、堀山カタログは、正十二面体と正二十面体のふたつだけであった。正四面体の展開図はふたつ、正六面体（立方体）と正八面体の展開図は11種なので、１ページで終わってしまうのである。

いま書いたように、立方体と正八面体の展開図の数はともに11種である。じつは正十二面体と正二十面体の展開図もともに４万３３８０種で、堀山カタログの正十二面体と正二十面体は同じページ数である。この対応関係も面白い。これは、それらが双対という関係

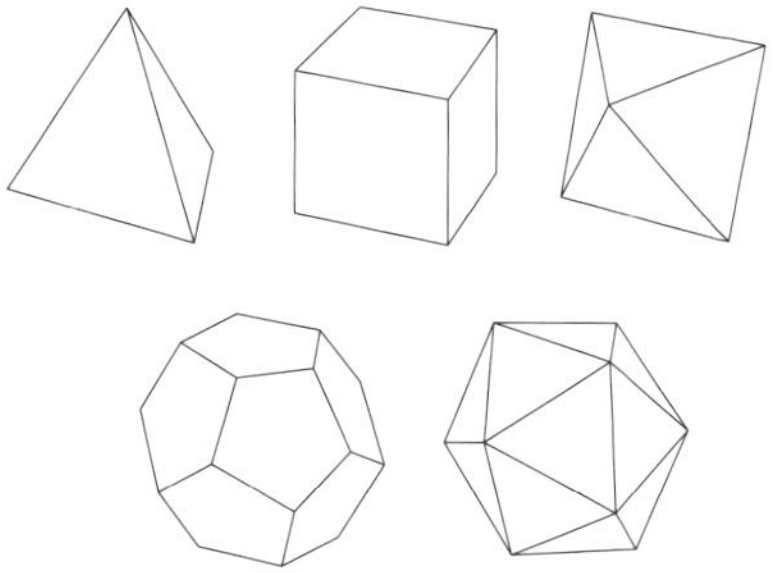

図5　正多面体5種

にあるためだ。双対というのは、面と頂点の入れ替え操作に対応する関係である。立方体の面の中心を線分で結ぶとそこに正八面体が現れる（図6左）。逆に正八面体の中心を結ぶと立方体になる（図6右）。このような関係を双対という。ふたつの立体は互いの影のような存在なのだ。正十二面体と正二十面体の関係も同じである。では、のこった正四面体の双対はなにかというと、これは正四面体自身である。

双対の関係は「折り紙と数学」で触れた、オイラーの定理の式にも美しく表れている。面の数をF、頂点の数をV、辺の数をEとすると、どんな凸多面体でもF＋V－E＝2が成り立つという定理である。この式は、立方体の場合は6＋8－12＝2であり、正八面体の場合は8＋6－12＝2だ。このふたつの立体の辺の数はともに12で同じで、数式上では面の数と頂点の数が入れ替わったかたちになっている。正四面体の場合は、自分自身が双対なので、面の数も頂点の数も同じである。

さきに見たように立方体の展開図は11種だが、鏡に写ったものを別のものと考えると20種になる。20種ならば、11という扱いにくそうな値と違って、これをゲームのテトリスのようにうまく組み合わせると、立方体の表面をきれいに被覆することができるのではないかという問題を考えたことがある。多数の展開図によって、より大きいその立体自身を覆うという問題である。自分でも忘れていたアイデアなのだが、こうした問題の専門家である計算機科学者の上原隆平が、ある日、この問題をふと思い出し、確認してみたところ、

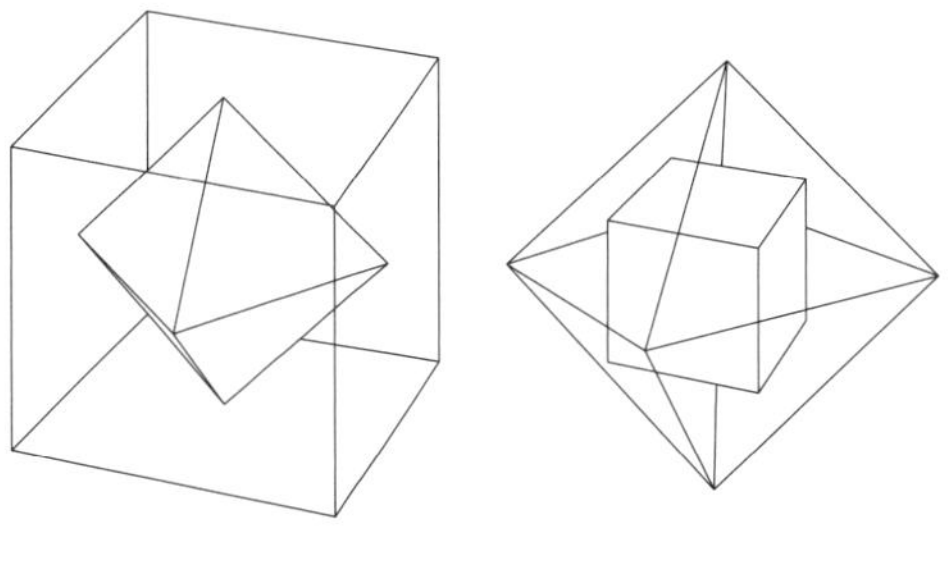

図6　立方体と正八面体の双対関係

答えがでたということを知らせてきてくれた（図７）。計算時間も短く、案外簡単に解けたとのことだった。

ただ、これを計算機なしに解答するのは簡単ではない。こうした組み合わせの数が膨大になる問題の研究では、計算機は便利な助手になる。デューラーの時代には想像もつかなかったことだ。しかし、そのように計算機も用いても、デューラー予想はいまだ未解決である。それがいかに難問であるかということだ。図７のような特定のかたちに関する問題に比べて、あらゆる凸型の多面体となると、難しさの質が異なるものになる。しかし、数学の凄みは、こうした「あらゆる」を相手にすることにある。たとえば、オイラーの定理はまさにそういうものである。

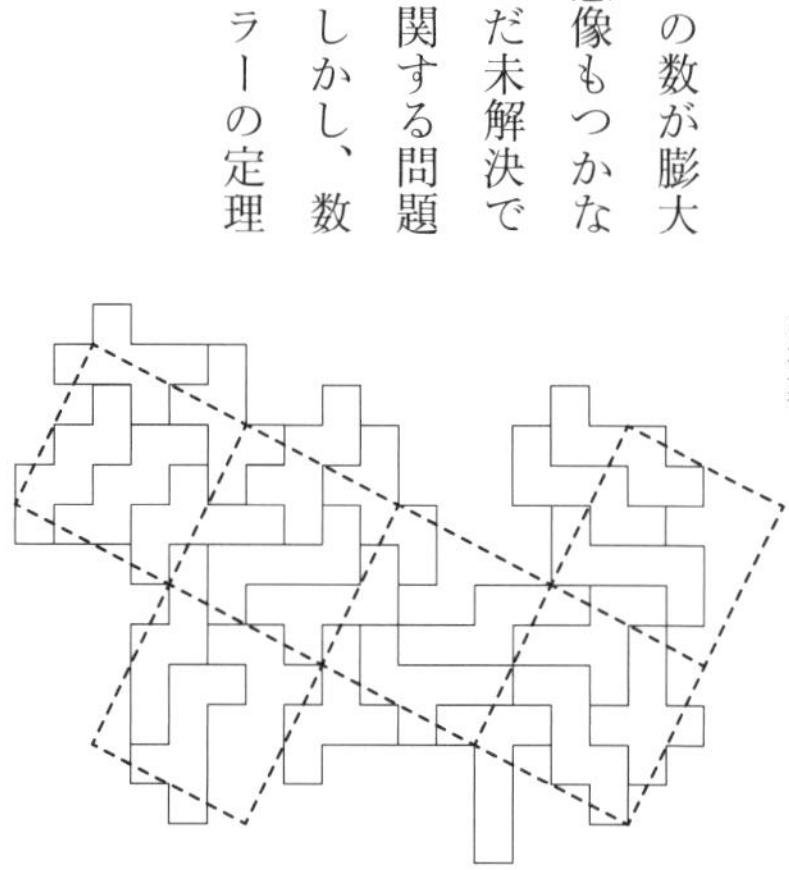

図７　立方体の展開図による立方体の被覆

STERNKARTE DES NÖRDLICHEN HIMMELS

宮澤賢治は童話『よだかの星』の中で、その星をカシオピア座［ママ］のとなりで突如輝いた星としている。これは、16 世紀にティコ・ブラーエが観測した、今日でいう「超新星 SN1572」を下敷きにした物語と推測される。賢治の描く星の世界は、『銀河鉄道の夜』のタイタニックの乗客のくだりなどがそうであるように、彼岸の世界につながっている。そして、じっさいの星々の世界も、その内に生命をはらみながらも、ほとんどは過酷な死の世界で、非情であるがゆえに美しいというところがある。

画：浅野真一「よだかの星」（530 × 333 mm　パネルに綿布・石膏地・油彩　2022 年）

吾に向かいて光る星あり

真砂なす数なき星のその中に

地上での理不尽や、自分の日々の愚行からくる憂鬱が、星空を見上げることで解消するというのは甘い話だが、空気が澄んで人工の光の少ない土地で、星座が見分けられないぐらいに星の数が多い夜空の下に立つと、はじめ胸がざわついて、しばらくして静かに落ち着くということがある。少なくともわたしにはそんなことがある。東日本大震災のさい、停電し暗闇となったなかで仰ぎ見た星空のことを語る人は多かった。わたしもあの日、全域停電となった山梨県の北部で、いつにもまして鮮やかな星空を見上げていた。

あの日は月齢も6ぐらいのそう明るくない月で、10時過ぎにはそれも沈んだ。闇の中に光る星の明かりは、変わらないことがあるという安心感を与えてくれ、それを見上げているとでは無力な自分を恥じることはないという思いにもなった。この感覚は、大いなるものを前にした絶対的な無力の自覚に基づくものなのだろう。この無力の自覚は、逆説的に自由や解放ということに結びつくこともある。哲学者ルートヴィヒ・ウィトゲンシュタインの『草稿一九一四－一九一六』の中にある次の言葉は、これに近いことを表す。
「私はこの世界の出来事を私の意志通りに支配することは出来ない。私は全く無力である。ただ私は、出来事への影響力を断念する事によって、この世界から独立させることが出来――そしてそうすることによって、それでも或る意味ではこの世界を支配することが出来るのである」（黒崎宏『ウィトゲンシュタインの生涯と哲学』より、黒崎による訳）

この文章の省略した部分には「神」がでてきて、これは多分に宗教的な話である。また、こうした諦念は、あらゆることに傍観者を気取る態度にもなりかねない。しかしわたしは、ときどきこんな思いで星空を見上げている。自分は無力だ。それでも、無力の自覚ゆえに無力に抗しうるし、自由でもありうる、と。そしてときに、人がどんな思いで星空を見上げてきたのかということを考える。たとえば、正岡子規に次の歌がある。

真砂なす數なき星のその中に吾に向かひて光る星あり　　子規

芥川龍之介はこの歌を、なぜか作者名を伏せて、警句集『侏儒の言葉』の中で引用し、「明滅する星の光は我我と同じ感情を表はしてゐるやうにも思はれるのである。この点でも詩人は何ものよりも先に高々と真理をうたひ上げた」と評した。芥川の論旨は、よくある、宇宙のことを思えばあなたの悩みは小さいという話とは違っていて、それとはむしろ逆に、星の世界も地上の世界も「(同じ)運動の方則《ママ》のもとに、絶えず循環してゐる」というものだ。彼は、天体と地上の存在を普遍性で結びつけて「変りはない」といった。

芥川がこの文章を書いたのは、天文学の歴史において、われわれの棲む銀河のほかに多数の銀河が存在することが明らかになり、宇宙の大きさの認識が飛躍的に広がった時代に対応している。

18世紀、フランスの天文学者シャルル・メシエは、彗星探索のために、彗星に見紛うようなぼんやりとした天体「星雲」をカタログ化した。星雲とは、現代の知識でいえば、アンドロメダ銀河のような天の川銀河の外にある天体も指せば、銀河や銀河をとりまく領域(ハロー)の中にある星の集まりである星団、超新星爆発の残骸やガス星雲など、輪郭のはっきりしない天体を指す総称であった。かつてはアンドロメダ銀河もアンドロメダ星雲と呼ばれており、大マゼラン銀河はいまも大マゼラン雲とも呼ばれている。その「アンドロメダ星雲」が、エドウィン・ハッブルによって、天の川から遠くはなれた「島宇宙」であることがたしかに確認されたのが１９２０年代である。芥川が用いた星群や星雲といった言葉が曖昧なのも、時代の制約ゆえだ。『文藝春秋』で『侏儒の言葉』の連載が始まった１９２３年、日本天文学会発行の『天文月報』には『島宇宙説の現状』(ディーン・ビー・マクローリン述、古川龍城訳)という連載記事が掲載されている。

ただ、こうした科学的発見の細部が芥川の見解に大きな影響を与えたのかというと、必ずしもそうでもないようだ。彼は宇宙の広さに目をみはるのではなく、その広い宇宙もまた地上と同じ法則で存在していると考えた。彼は、19世紀のフランスの革命家ルイ・オーギュスト・ブランキの『天体による永遠』に書かれた、起こりうるすべてのことは起こりうる、あるいはすでに起こっていてその繰り返しであるという、一種の多世界宇宙説のような考えに惹かれたようで、これを『侏儒の言葉』の中でも紹介している。それは、新しいことなどなにもない、すべては退屈であるというペシミスティックな思想にも通じ、フリードリッヒ・ニーチェの永劫回帰説も思わせる考えである。

子規の歌をそうした思想に結びつける芥川のレトリックはややアクロバティックにも思える。多くの人は、この歌からもっと素朴な感慨を読み取るだろう。自分が選ばれた者のように星に照らされていたり、星に導かれているという考えには滑稽なところもあるが、わたしはこの歌から、高揚ではない、慎ましい祈りの響きを聞いた。宇宙の一部でもある自分と宇宙の対面という意味では芥川の考えと通底するのだが、そこにはやはり、大いなるものと対比した無力の自覚があり、それゆえの祈りがあるのではないか。

なお、この歌を字句どおりにとるのは馬鹿げている。ある星が誰かに向かって光っているというのは、合理的に考えれば思い込みにすぎないからだ。ついでなので、星の数と人の数ということについても考えてみよう。

そもそも、条件のよい場所において、標準的な視力の肉眼で識別可能な全天の星の数は6等星までの9000個弱で、一度に見えるのはその半分である。地球上の人口は70億人ぐらいなので、誰にもその人に向かって輝く星があるとすると、ひとつの星あたり80万人ぐらいを担当（?）していることになる。これは多すぎる。わたしの星がほしいという人も多いはずだ。そこで、見えない星もあなたを見守るために動員されていると考えてみる。ハッブル宇宙望遠鏡等を用いて正確に観測できた21等級までの星の数は合計で約30億個である。それでもまだ数が足りないので、より暗い星も推定しよう。なお、星の等級というのは、1等星が6等星の100倍の明るさで、1等級変わると明るさが2・51…（100の5乗根）分の1になると定義された値である。また、星自体の明るさ（絶対等級）が同じとすれば、明るさは距離の2乗に反比例し、星の数は、それが宇宙空間にまんべんなくあるとして、やはり距離の2乗に比例にすると見積もることができる。実際に『理科年表』に示された「全天の星の数」という表をグラフに描くと、この比例関係が大筋で正しいことが確認できる（図1）。グラフの縦軸は、対数目盛というもので、ひと目盛り増えるごとに10倍になるものである。横軸の等級もまた、1等級で明るさが約2・51分の1になる対数目盛である。よって、等級と星の数の関係が前述のとおりであれば、グラフは直線になる。じっさいには直線からわずかにずれていて、そのこと自体も興味深いのだが、その理由の推定は一筋縄ではいかないので、ここでは深入りしないでおく。

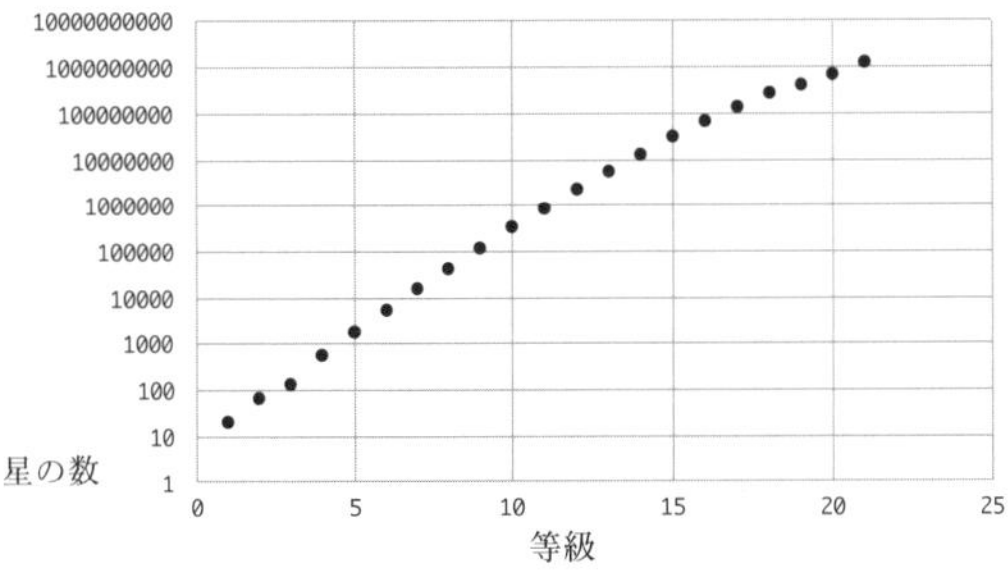

図1　全天の星の等級と数

現在の人類の観測機器では、21等級より上の暗い星の網羅的な観測はきわめて難しいが、このグラフを延長することで、さらに暗い星の数も見積もることができる。その見積もりは、23等級まで合計でおおよそ80億個と読みとれる。現人類のひとりあたり1個の星である。結論。子規の歌を全人類それぞれの星ということにすると、「誰もみなそれぞれ向かいて光る星あり、ただし23等級まで」となる。

以上の計算は冗談の類だが、子規の歌には、奇妙な実感があり、スケールが大きいのに不思議と大言壮語には感じられない。次の与謝野晶子の歌、鉄幹が亡くなったときの歌とはもまた違う。

冬の夜の星君なりき一つをばいふにはあらずことごとく皆　晶子

たったひとつの星が君であるというのではなく、全天のすべての星が君であると、彼女は歌った。力強くひとり立って夜空に対峙し、無力であることに抗っている。

もちろん、晶子も子規も、こうした感覚が一種の錯覚であることを自覚した近代人だったはずだ。それでも、ほんとうに降るような星空を見たことがある人なら、宇宙と自分が一対一で対面しているような感覚はわかるはずだ。

かの星に人の棲むとはまことにや

芥川の「星の世界も地上の世界も」同じ法則に従うという考えは興味深いと述べたが、『侏儒の言葉』の中においても、芥川の考えが一貫しているわけではない。『火星』と題された文章では、「火星の住民の有無を問ふことは我我の五感に感ずることの出来る住民の有無を問ふことである。しかし生命は必しも我我の五感に感ずることの出来る条件を具へるとは限つてゐない」と、地上の理屈で計れないものが火星にあるかもしれないようなことも述べている。この考えは、わたしにはむしろ面白くなく、火星人に関しては、若山牧水の次の歌のほうが響く。

かの星に人の棲むとはまことにや晴れたる空の寂し暮れゆく　牧水

これは、天文学者パーシヴァル・ローウェルの火星人説やH・G・ウェルズの『宇宙戦争』が話題を呼んでから約10年後の1910年に火星を詠んだ歌であると考えられる。これに関して、牧水は実際に火星を見て作歌したのか、という疑問を持つ人もいる。星と宇宙に関する短歌を集めた『宇宙をうたう』（海部宣男、1999年）という名著があるのだが、そこに「牧水が眺めた星が、火星であったかどうか。それは定かではない。暮れゆく空に火星を見つけるのは、若干むつかしい」と記されている。以下、それをやや詳しく検証してみた。２０１９年に亡くなった著者も、こうした検証は喜んでくれるはずだ。

まず作歌の日付だが、正確な同定は難しいが、これは、「自 明治四十三年一月 至同四十四年五月」とある歌集『路上』（１９１１年）の収録歌である。同歌集内で、この歌のほぼ直後に配された次の歌が、時期特定の参考になる。


ややしばしわれの寂しき眸《まみ》に浮き彗星《はうきばし》見ゆ青く朝見ゆ　牧水

これは１９１０年5月に最接近したハレー彗星を詠んだ歌として間違いがない。夕方ではなく朝に見たということなので、近日点（太陽に最も接近する点）通過前の4月下旬か5月上旬と考えられる。『路上』の収録歌は、つくられた順に編まれているとは限らないが、読みとおすと、そうした入れ替えは最小限のように思える。前後の歌から読みとれる季節からも、「かの星に」は、4月ごろの歌と推定できる。その歌は、注釈として「戸山が原にて」と記された五首の五番目であり、ほかの歌も「摘草」「梢あをむ木蔭」など、春から初夏を思わせる。

年と月がわかれば火星の位置は特定できる。問題なのは、そのときの火星がそれほど明るくないということだ。火星は地球のすぐ外側の惑星なので、その軌道における位置により明るさが大きく変わる。このときの火星は大接近時に比べて50分の1ほど暗く、一番暗いときに近いぐらいなのである。それでも北極星よりやや明るい約1・6等級はあるので、日没後の空にそれを見るのは不可能ではない。この年の4月半ば、7時前のまだ明るさの残る西の空、オリオン座とぎょしゃ座に挟まれた仰角40から50度ぐらいの空に、火星が輝いていたのはたしかだ。そのとき金星は沈んでいるし、木星は東の空にあり、土星はほぼ太陽と重なっているので、それらと見紛うこともない。牧水は、いわゆる自然主義なので、自分の目で見ていないものや経験していないことを歌う人でもないだろうとも思う。

ちなみに、天文学では、太陽の中心位置と地平線の角度により「薄明」が定義されている。角度が小さい順に、常用薄明（市民薄明）、航海薄明、天文薄明の三種で、それぞれ、1等星が見える、水平線が確認できる、6等星が見えることに相当する。よって、この歌の「暮れゆく空」は、常用薄明と航海薄明の間ということになる。

1910年のハレー彗星の回帰は、尾の中に地球が入ることで毒ガスの危険ありの流言も生んだことで知られるが、これは一面で一種の天文ブームでもあったということで、人びとが星空を見上げる機会は増えていたに違いない。牧水は、1910年の4月のある日、陽の暮れた戸山が原（現新宿区戸山）で、ハレー彗星を見る予行演習もかねて、天文に詳しい誰かを伴って、あれが火星だと赤い星を見たのではないだろうか。そしてそれは、恋に悩む25歳の青年に向かって光る星でもあったのだろう。

四百六十六億光年の孤独　あるいは、四十三京五千兆秒物語

『二十億光年の孤独』　谷川俊太郎

人類は小さな球の上で
眠り起きそして働き
ときどき火星に仲間を欲しがったりする

火星人は小さな球の上で
何をしてるか　僕は知らない
（或いは　ネリリし　キルルし　ハララしているか）
しかしときどき地球に仲間を欲しがったりする
それはまったくたしかなことだ

万有引力とは
ひき合う孤独の力である

宇宙はひずんでいる
それ故みんなはもとめ合う

宇宙はどんどん膨らんでゆく
それ故みんなは不安である

二十億光年の孤独に
僕は思わずくしゃみをした

20億年の理由

『二十億光年の孤独』は、よく知られた詩だ。多くの人が読んだことがあるだろう。数年前、わたしはあらためてこれに触れ、よい詩だなあと思うとともに、ひとつの疑問を持った。20億光年という数字の意味はなにかということだ。以下は、それについての話である。

『自註』（『二十億光年の孤独』、集英社文庫）によると、この詩は、1950年5月1日、氏が18才5か月のときの作で、「二十億光年」は、「（当時得た）知識の範囲内での、宇宙の直径」だという。10代の作であるとは、その才能は眩しすぎるほどだが、ここで注目したいのは、それが宇宙の大きさであるということだ。そうであれば、学説上のそれを科学史的に調べれば、この数字の出どころがわかる、と考えた。

宇宙の大きさは宇宙の年齢と関係し、後者は「ハッブル＝ルメートルの法則」の係数であるハッブル定数から見積もることができる。その法則は、20世紀前半に示されたもので、われわれから充分遠くにある天体において、距離の遠いものほどより速く遠ざかっているということを述べる。天体までの遠大な距離は、特殊な変光星の絶対等級（距離によらない星の明るさ）と変光（天体の明るさの変化）の間隔に相関があることから測定され、天体の速度は、スペクトルのずれ（赤方偏移）から得られた。そうして観測された値を、横軸を距離、縦軸を速度としてグラフ上に描いてみると、なぜかそれが右肩上がりの一直線に並んだ。式で示せば、距離dと、その速度vが、$v = Hd$という比例式となった。ここで、Hをハッブル定数という。

ちなみに、この法則は、長い間「ハッブルの法則」と呼ばれていたが、２０１８年の国際天文学連合での合意以降、エドウィン・ハッブルに先立って同様のことを述べていたジョルジュ・ルメートルの名前も含めて、ハッブル＝ルメートルの法則と呼ばれるようになった。巻頭の一篇で触れた「スティグラーの法則」（科学的発見にその真の発見者の名前がつけられることはない）の一例だったわけだが、国際天文学連合は律儀にそれに対応したのだ。まずは、この法則から、どのように宇宙の年齢を見積もることができるかを説明しよう。

　そもそも、宇宙に年齢があるということ自体が大きな発想の転換だった。その基本的な考えかたは、遠くの天体が遠ざかっているとすれば、それを逆回しすると、宇宙はほぼ一点から始まったことになるのではないかということである。ハッブル自身は、天体が遠ざかる事実をどう解釈するかについて、明確には示していないが、ルメートルは、これを「宇宙の膨張」という考えといち早く結びつけた。宇宙の年齢の計算は、基本的に、宇宙が膨張しているということの発想に基づく。

　ある場所、たとえばM87銀河が地球から見て遠ざかる速度が、宇宙の歴史において一定だと仮定する。ここで銀河を持ち出したのは、宇宙が膨張するといっても、互いに遠ざかっているのは銀河同士のような大きな構造においてで、銀河自体が膨張するということではないからだ。速度一定ということに関しては、さきほどの式で、距離と速度は相関関係にあるではないかと思う人もいるだろうが、この式は、さまざまな場所を、いま現在見るとそうなっているという意味で、ここでは、特定の場所を考えている。また、現代の知見では、天体が遠ざかる速度は変化するものだが、膨張宇宙論が生み出された当初、その速度は一定と仮定され、いまも、おおざっぱな宇宙の年齢の見積もりにおいてはそう考えることができるので、ここでもそう考える。であれば、これは、距離と速度から経過時間を計算するシンプルな問題となる。等速度vで動く点が現在の距離dとなるまでにどのくらい時間がかかったのかということだ。それは、距離÷速度、d/v で表せる。前述の式 $v=Hd$ と見比べれば、この値は、ハッブル定数Hの逆数、すなわち 1/H にほかならない。

膨張の速度が一定でないことも考慮した最新の理論による宇宙の年齢は、約43京秒、つまり、約138億年である。これは、現在の観測から得られたハッブル定数の逆数とほぼ同じ値だ。では、その値は、かつてはどのように計測されていたのか。

ヴァージニア・L・トリンブルのまとめ（1996年）によると、ハッブル定数は、1929年にハッブルによって（ルメートルの論文は1927年）発表されてから、1950年ぐらいまで、いくつか観測はあるものの、大きく値は変わっていない。距離測定の理論が整備され、精度があがり、大きく値が変わるのは、1952年以降のことである。それまでは、そのときのHの値の逆数である約20億年が、宇宙の推定年齢であり続けた。1940年代に、地質学者アーサー・ホームズや物理学者アルフレッド・ニアーらによって、放射性元素の崩壊から見積もられた岩石の年代が30億年になるという発見もあったのだが、ニアーは20億年という値との矛盾に悩むことになった。20億年は、定説であり、一種の権威だった。

以上の話が、1950年に書かれた詩の、20億年の出どころであると考えられる。ただし、『二十億光年の孤独』では、億年という時間の単位ではなく、億光年という、光が20億年かかって届く距離の単位が使われている。これにより、この話はさらにめんどうになる。

そのめんどうさは後述するとして、変光星（周期的に明るさが変わる星）を用いた距離の測定の発見に関しても、簡単に記しておきたい。ケフェウス座デルタ星が代表的なので、ケフェイド（セファイド）変光星と呼ばれる星についてである。それらの星が宇宙の灯台とでもいえるものであることを発見したのは、ハーヴァード大学天文台での無給助手からキャリアを始めた、ヘンリエッタ・S・リーヴィットという、難聴の障害を持つ女性であった。彼女が発見した多数の変光星の中に、同じ星雲の中にあることから距離はほぼ同じと考えられるのに、明るさが大きく異なっているものがあった。さらに彼女は、それらの星は、明るい星ほど明るさの変わる間隔が長いことを見いだした。この事実は、変光の間隔が距離によらない星自体の明るさに対応し、それと見かけの明るさを対比すれば、このタイプの星が距離測定の指標になることを意味した。のちにわかったことでいえば、年老いた巨星が収縮膨張をすることで変光するので、その大きさ（明るさ）と変光の周期に関係があったのだ。

当時、リーヴィットのような職はコンピュータと呼ばれ、多くの女性がその仕事に従事していた。電子計算機の発明以前のことで「計算手」といった意味であるが、天文台で計算の仕事をしているわたしの大先輩ともいえる。リーヴィットは高く評価されてはいたが、後年、彼女をノーベル賞候補として推薦するためにハーヴァード大学天文台に問い合わせがあったとき、すでに彼女は亡くなっていた。

20億光年の測りかた

ここからは、宇宙の年齢とその大きさの関係を考える。まず、『自註』では直径と述べているが、これは、観測者を中心とした四方八方なので、半径とするべきだ。球面上の点のように、どの地点も平等で、かつその球面が膨張するような宇宙では、差し渡しという意味での直径というとらえかた自体が誤解を与えやすいが、あまり気にしないことにしよう。ここには、それ以上のややこしい問題がある。

遥か遠くに光速で遠ざかっている場所があるとする。$v = \mathrm{H}d$ で、変数 v が光速 c になる場所だ。このとき式は、$c = \mathrm{H}d$ となるので、距離 d は c/H、すなわち、宇宙の年齢である 1/H に光速をかけた値になる。ここまでの値でいえば20億光年だ。20億光年を半径とする球、これが、宇宙の年齢を20億年とした場合の観測の限界、われわれが認識可能な宇宙、宇宙の果て、宇宙の大きさだ、なぜなら光より速いものはないから……と思える。しかし、単純にそうとはいいきれない。これは、観測可能な向こうにも宇宙があるから、という意味だけではない。実際、宇宙の「全体」は、観測可能な宇宙より大きいと考えないと辻褄が合わないが、観測可能な宇宙であっても、この計算よりもっと大きいと考えることができる。話が、宇宙の膨張を前提としているからだ。

膨張する空間における距離という概念は簡単ではない。20億年かかって光が届いた距離をそのまま20億光年とする定義もあるが、「いま現在」の時点における距離を考えると、また違う話になる。宇宙が膨張しているので、光が届いた時点で20億光年離れた場所は、光が出たときにはもっと近くにあった。同様に、20億年経過していれば、20億光年よりさらに遠く離れた場所の20億年前が見えることになる。現代の知見では、宇宙の年齢は約138億年で、光子が届く限界である「粒子的地平線」までの距離（固有距離）は、約466億光年である。

物理学に詳しい人は、138億年で138億光年以上に広がっているとしたら、膨張する宇宙の遠方の速度は光速を超えているじゃないか、これは、光速を超えられない相対性理論の原理に矛盾するのではないか、という疑問を持つかもしれない。しかし、結論をいえば、そこに矛盾はなく、空間の膨張は光速を超えうる。

ここで話を最初に戻して、詩人が参照したのではないかと思われる文献を見つけたという話になる。『自註』にある「初歩的な天文学の本」についてである。本人に訊けば記憶をたどれるかもしれないが、古い宇宙論の解説書をあたっていて、科学解説書というよりも文芸書に、これではないかという本を見つけた。『宇宙論入門』（稲垣足穂、1947年）である。この本にずばり、「膨張が始まってから二十億年」「どちらを向いても、二十億光年の彼方に壁があります」と記されていた。記述からも年代からも、谷川少年が読んだのは、『二千一秒物語』の著者によるこの本ではないかと思われる。しかし、宇宙の果てまでの距離が20億光年というこの本の記述は、少なくとも説明不足に思えるものだった。

というような分析は無粋で、１９５０年以降の知識も使っているのでよけいに野暮である。さらに、この詩には火星人もでてくる。火星に知的生命がいるかもしれないという説は、１９５０年には、一般常識でもすでに下火になっていたはずだ。ただしこれは、詩人自身が「まさか実在を信じていたわけでもない」と書いており、確信犯である。

わたしのそもそもの疑問は、なぜ20億光年なのだろうというそれだけで、この詩に難癖をつけたかったわけではない。詩句を、最新の知見に合わせて、１３８億年や４６６億光年に更新する必要があるとも思っていない。

冒頭に書いたように、わたしはこの詩が好きだ。この詩には、科学の風というか、理科少年の手触りがある。「宇宙はひずんでいる」「宇宙はどんどん膨らんでゆく」など、宇宙論の知識から借用した言葉が詩の言葉になっているのは、いま読んでも新鮮だ。さらに火星人を出すことで、とぼけた空想が広がり、衒学的な科学の濫用から距離をおく効果を生み出している。稲垣足穂の『宇宙論入門』は残念ながら古くなってしまったと思うが、そこから生まれたらしいこの詩は、すこしも古びていない。宇宙の中心で――宇宙はあらゆる場所が中心だともいえる――孤独を抱える少年の心象は、ほぼ永遠だ。

以上、こんなことを書いて、谷川さんや、泉下（天上か？）の足穂さんがくしゃみをしていないことを祈っている。

追記

このエッセイが月刊『みすず』に掲載される際、詩の全文掲載の許諾を得るために、編集のI氏が谷川俊太郎氏と連絡をとってくれた。詩の掲載を快諾していただいたのに加えて、原稿を読んだ本人からの電話があったということで、感想を聞くこともできた。20億光年の出処としては「足穂さんの本も読んだとは思うんだけど、その数字を見たのはもっと通俗的な雑誌だったかもしれない」ということであった。そして、「それから宇宙も成長しちゃって」という言葉をもらされたという。このセンスはさすがで、思わず笑ってしまった。理屈をいえば、70年前から宇宙はほとんど変わっていないけれど、われわれの宇宙への認識はたしかに成長した。それはわれわれの成長であるはずだ。実際に成長したところもあるのだろう。しかし、この70年、１００年、相変わらず「小さな球の上」で右往左往していることを思うと、そんな気はあまりしない。そして、遠い夜空を見上げたくなる。そこに何かの答えがはっきり書いてあるわけではないのだが。

管をもって天を窺う

宇宙電波観測所

標高１３００メートルを超える長野県南牧村の野辺山高原、空気の冴えた真冬の深夜、仰ぎ見る天空には降るような星々がきらめいている。周囲に広がる畑は、零下10度を下回るこの季節には静かに眠っている。その一角に、かすかな機械音が響いている。鼓動のように規則的なリズムを刻んでいるのは、受信機の真空引きポンプの音だ。間歇的に響くのは、約７００トンのアンテナが向きを変える際の稼働音である。ここは、国立天文台の野辺山宇宙電波観測所である。

直径45メートルの巨大なパラボラアンテナの軸線方向には、オリオン座が輝いている。アンテナのすぐ横にある観測棟に観測者がいる。予算の削減やパンデミックの影響で最近は遠隔観測も多いが、この観測者は、現地の天候を感じ取り、機器の状態を近くで把握しながら観測をしたい人のようだ。期待に満ちた、しかし手馴れた様子で、観測席の前に並んだ大型のモニターを見つめている。アンテナの動きを示す画面、風速や気温、受信機の状態を示す画面、受信した電波を簡易的に解析してグラフにして表示する画面などが、時々刻々と情報を伝えている。光や赤外線の望遠鏡と異なって、電波観測は昼でも曇天でもできるが、この日は夜になって、すばらしい観測日和になった。空気が乾燥しているので大気による雑音は低く、風も凪いでいるのでアンテナのゆらぎも少ない。観測者は宇宙と対面しているような心持ちかもしれない。

約１５００光年の彼方にある星間分子雲が今日の観測対象だ。彼方といっても宇宙の大きさから見ればご近所とも言えるが、日常のスケールでは遥か彼方である。星間分子雲とはなにか。宇宙空間は完全な真空ではなく、塵やガスがあり、その密度が比較的濃いところがある。光ではほとんど透明のものが多いが、雲に見立てて分子雲と呼ばれる。それは、星が生まれる揺りかごにもなっている。その密度は地球の大気の１兆分の１のさらに１０００万分の１程度だが、それが束になると観測することができる。

ところで、物を見るというのはどういうことだろう

写真１　野辺山宇宙電波観測所45メートル電波望遠鏡

か。それは、眼という装置で光を受信し、電気信号に変えて脳が認識するということだといえる。では、その光とはなにか。これは、19世紀半ばにイギリスの天才物理学者ジェームズ・クラーク・マクスウェルが予言したように、電磁波と呼ばれる波の一種である。マクスウェルは、電磁気学の法則を4つの式にまとめ、そこから、電気と磁気による波が存在しうることを予想した。そして、その速度が数式上、フランスの物理学者アルマン・フィゾーによって測定されていた光の速度と同じだったことから、光が電磁波の一種であると考えた。科学史上でも最も鮮やかな理論的な予言のひとつだ。その理論から約20年後の19世紀末、ドイツの物理学者ハインリヒ・ヘルツによって電磁波が実験的に確認された。

電磁波のうちで、波長が約400ナノメートル（ナノメートルは10億分の1メートル）から約800ナノメートルのものが、紫藍青緑黄橙赤の可視光線、いわゆる光だ。それらの可視光線より波長が短いものは紫外線、エックス線、ガンマ線、長いものは、赤外線、そして電波である。つまり、眼と脳は、特定波長の電磁波の受信装置であり、電波望遠鏡というのは、より長い波長を見るための拡張された眼である。

ちなみに、波長というのは、波の山と山の間の長さのことである。光（電磁波）の速度は、波長によらず毎秒約30万キロメートルと一定なので、1秒間の波の数、すなわち周波数は、30万キロメートルを波長で割った値になる。可視光線は約500テラヘルツ（テラはギガの上でゼロが12個つく桁）で、野辺山観測所で観測している電波は、数十ギガヘルツから100ギガヘルツ、波長でいうと数ミリメートルとなる。

眼で物を見たときにも色が大きな情報となるように、波長が異なると違うものが見えることを用いて、電波で宇宙を観測しているのが宇宙電波観測所である。人の眼は進化の産物だが、電波の眼は、多くの科学理論と技術の蓄積によって開かれた。電波が発見されてから130年あまりしか経っておらず、宇宙からの電波が観測され、電波天文学の扉が開かれてからはまだ100年も経っていないことを思うと、加速度的な発展である。最初の宇宙電波観測の経緯は次のようなことであった。

1930年ごろ、アメリカ・ニュージャージー州のベル研究所に勤める若き技術者カール・ジャンスキーは、急速に普及しつつあった無線通信の障害となるノイズを調べていた。その中に、雷などによるノイズを除いても残る謎の電波があり、約1日周期で強度が変わっていた。その周期から太陽の影響が考えられたが、正確に測定をすると、周期は24時間ではなく約23時間56分であった。いったいこれはなんなのか。地球は24時間で1回転するが、これは地球と太陽の位置関係にたいしてである。太陽と他の恒星からなる基準からみれば、自転に加えて太陽の周りを約365日で公転するので、その1回転が加わることで、回転周期は24時間ではなくなる。自転も公転も同じ向きなので、外から見て、地球が1回転に要する時間は、24時間かける1年の日数を、1年の日数プラス1回転で割った値になる。それは、約23時間56分だ。ジャンスキーの慧眼が見いだしたその電波は、遠い宇宙からのものだったのである。

科学的な大発見は、往々にしてこういう意図しない偶然から生まれる。野辺山観測所での大発見のひとつ、1992年の中井直正らによる巨大ブラックホールの観測的確認は、2020年のノーベル物理学賞に名を連ねてもよい成果だったが、これは、観測目的とは異なる波長も同時観測しておくかと、冗長的な装置設定をしたためにもたらされたものだった。いっぽう、最近のこの国の科学は「当たり馬券を買うように言われても無理だ」という不満を漏らす研究者が多いように、そうした余裕を失ってしまっている。

天体の発する光以外の電磁波も観測可能なことがわかり、まさに視野が広がったのだが、宇宙からの電磁波のすべてが観測できるわけではない。たとえば紫外線だ。太陽というのは、さまざまな放射線を放出する危険な核融合炉といえる。そんな放射線のひとつの紫外線が地球上の生物にとって有害ではないレベルとなっているのは、地表へ降り注ぐそれが弱められているからだ。太陽はわれわれにとってちょうどよい距離にあって、紫外線は主に大気上層のオゾンによって遮られている。われわれがそうした環境に合うよう進化してきたためでもあるが、紫外線がさらに強かったならば、生物はその環境に適応できずに進化の道そのものが閉ざされていたかもしれない。地球の大気は強力なシールドなのである。

ただこのシールドは観測の障壁でもある。大気の影響が少ない電磁波の波長は大気の窓と呼ばれているが、たとえば赤外線の多くの波長にはこの窓がない。さらに、波長が大気の窓に該当するからといって、観測がうまくいくわけでもない。そもそも天体がその波長で強い電磁波を出していない場合もある。天体の観測というのは、荘子のいう「管をもって天を窺う」ようなものなのだ。荘子の「管見」の意味するところは、見識が狭いということだが、空気の底に棲む人類の知識と能力自体がそうなのである。

毒をもって宇宙を解す

さて。いま野辺山で観測中の分子雲であるが、これはほとんどが水素分子で構成されている低温のガスである。もとより、宇宙にある原子の7割が水素である（質量比）。しかし、残念ながら水素分子は強い電磁波を出さない。高温の星やその星の周辺では、水素原子や水素イオンが、可視光線や紫外線、赤外線、電波を放出するが、ここで見たいのは低温の分子雲である。水素分子ではなく水素原子からなるガスからは、波長約21センチメートルの電波が放出され、これは貴重な情報となる。実験室では起きない稀な現象だが、水素の多さでその電波は観測できる。しかし、そのガスも、低温とはいえ、主に水素分子からなるガスよりは温度が高い。また、そもそも長い波長では、細部を見ること、つまり分解能を細かくすることも難しい。長い波長は目盛りの粗い定規のようなものだからだ。気象学者が雲を見たいように、天文学者は低温の星間ガスの分布も細かく見たいのだが、見えにくいのである。

そこで、天文学者たちは分子雲に混ざっている他の分子に注目する。そのひとつが、ベル研究所の研究者によって1970年に初めて観測された、一酸化炭素である。水素分子に比べて星間での濃度は1万分の1にすぎないと推定されるが、星間物質の中では多く、これが観測に適していた。

物質が電磁波を放出する機序にはいくつか種類があって、それぞれ波長に特徴がある。大気の窓に適合し、観測しやすい電磁波のひとつに、分子の回転遷移という現象による電波がある。分子の回転速度が変化することによって放出される電波である。水素分子がなぜ回転遷移で強い電磁波を出さないかというと、対称性が高すぎるためである。水素分子はふたつの水素原子が融合するようにくっついたものだ。これに比べて一酸化炭素は、炭素と酸素の結びつきからなるアンバランスな分子である。そうした非対称なもののほうが、攪拌棒のようになって、電磁場をかき乱しやすい。場をかき乱す分子の回転速度が変わったとき、そのエネルギーの差分が、電磁波として放出もしくは吸収される。

そして、ここにもうひとつ面白い物理現象がある。ペンを指先で回すことを考えてみよう。ペン回しが得意な人は高速回転もゆっくり回すのも自由自在だろう。しかし、ミクロの世界ではそうはいかない。回転速度も飛び飛びの値になるのである。20世紀に物理学の革命となった量子力学が明らかにした自然の姿では、ミクロの世界のエネルギーは連続的な値をとらない。このことにより、なんらかの刺激で分子の回転数が弱まって、減った分のエネルギーが電磁波として放出されるとき、興味深いことがおきる。分子の回転の変化による電磁波のエネルギーが決まった値になるのである。なお、そのエネルギーは、周波数に比例、つまり波長に反比例している。よって、どの回転からどの回転に変わるかによっていくつかの値があるが、その電磁波は、分子ごとに決まった波長になる。このような波長の制限は原子の内部構造等に基づく電磁波にもあるが、分子の回転でもおきるのだ。

天文学として都合がよかったのは、一酸化炭素の最も典型的な回転遷移の電波の波長が約3ミリメートル（約100ギガヘルツ）という観測しやすい波長になることであった。その波長には大気の窓も開いている。それは、横軸を波長、縦軸を電波の強さとして見ると、針のように尖ったグラフとして現れる。虹のようになめらかに波長が変化する連続スペクトルとは異なった、線スペクトル、あるいは輝線と呼ばれるものだ。その波長は、理論上も地上の実験室でも検証できる値なので間違いがない。それは、わたしはここにいるよという、分子による指紋か旗印のようなものとなる。

針のように尖ったと書いたが、実際のそれはすこし幅があり裾をひくように広がっている。これは、量子力学が示す現象が確率的であることなどにもよるが、もっと大きい理由は、分子のランダムな熱運動に加えて、分子が分子雲としても運動していて、それらの動きが重なったものを見ているからである。よく知られているように、救急車のサイレンは、近づいてくるとき高く、遠ざかっているときに低く音程が変わる。ドップラー効果である。電磁波の場合、相対性理論により音波とはすこし計算式が異なるが、基本的には同じ理屈で波長の変化が起きる。ちなみに、光にもこの効果があることを最初に示唆したのは、ドップラー効果に名を残す、オーストリアの物理学者クリスチャン・ドップラーではなく、前述の光速度を測定したフィゾーであるが、それはさておき、この変化も観測者にはありがたい。なぜなら、その波長のずれによって、分子雲の運動を大まかに読み取ることができるからだ。

このように、一酸化炭素分子の回転遷移によって出力される電波によって、可視光線では見ることのできない、主に水素分子からなる、温度の低い星間分子雲の濃度分布地図とその運動を描くことができる。天文学者は、そこから分子雲の中でどのように星が生まれてくるかなどを考察する手がかりを得る。

なお、観測できる分子の輝線は一酸化炭素の回転遷移に限るわけではない。およそ200種類の分子が判明していて、その中には、輝線の波長から理論的に解き明かされた、地上には存在しない分子もあれば、水やメタノールなどおなじみの分子もある。地上に存在しない分子のうちの十数種は野辺山観測所で発見されたものだ。

しばしば観測対象になるのは、一酸化炭素よりさらに存在量は少ないが、アンモニア(これは電波放出の機序が回転遷移とはまた異なる)やシアン化水素などだ。シアンや一酸化炭素は毒である。天文学者たちは、毒をもって宇宙を解すとばかりに、自然が道筋を示すように残してくれた毒入りのパン屑のようなその情報をたどり、遠く離れた宇宙空間で起きていること、そして、われわれが住む世界がどのようにして生まれたのかを解明しようとしている。

次篇では、引き続き、宇宙からの電波をどのように観測するかについて紹介する。そこでは、わたしの専門である折り紙が関係しなくもない。

遠くを見たい

巨人の肩

わたしが遠くを見ることができたというのなら、巨人の肩の上に立っていたからだ。これは、アイザック・ニュートンの言葉として知られ、たびたび引用される、いわゆる名言である。ニュートンは知的世界の聖人とされることも多く、この言葉は、偉大な人物も謙虚であったという教訓としても語られる。実際の彼は謙虚というにはなかなかに狷介な人物であったようで、偉人のこうした言葉は、出典がはっきりしない伝説のようなものも多く、真に受けて感激するのはナイーブに過ぎるかもしれない。そもそもこの言葉自体、ニュートンのオリジナルではないこともわかっている。しかし、彼が論争相手のロバート・フックへの書簡の中にこれを記したのは事実で、やはり彼の素直な述懐だったのではないか。自分を大科学者に比すのは厚顔だが、天文台で仕事をしていると、学問の世界は狭いようでやはり広く、自然はさらに深く広く、自分はその一端にしか関わっていないと思うと同時に、いかに多くの先人による蓄積を土台にして日々の業務をなしているのかという感慨を持つことがある。

科学や技術に限らず、あらゆることが歴史の積み重ねの上にあるのは当たり前なのだが、ときにそのことは忘れてしまう。ある意味では、忘れたほうがよいこともある。たとえば、ソフトウェアエンジニアリングの世界では、同じ機能を持つものはできる限り再利用することが効率的な開発の基本で、すでにあるものを一からつくりあげることは「車輪の再発明」として揶揄される。既存のものは所与のものとして、第二の自然のように扱えばよいとされるのだ。しかし、すべての細部を一から理解する必要はないとしても、自分がどこに立っているのかを知ろうとすることは重要だ。そういう意味でも、科学の世界でも幅広い教養というものは必要なのではないか。そうした振り返りをしてみると、文化の蓄積には案外と古いも新しいもなく、古い知恵がそのまま使われることが見出されることもあって、これがまた面白い。

前篇執筆の動機は、自分がたずさわっている電波による天文観測というひとつの営みに、いかに多くの科学理論と技術が関わっているのかを紹介してみたい、というものだった。本篇はそれの続きである。ただ、わたしは科学にたいして、みごとに築かれた城のようなイメージは持ってはいない。それは、ありあわせのものをかき集め、崩れて塵芥となってしまったものも土台となり、増築を重ねたアンバランスな、それゆえ魅力的で、かつ、ときには危険な高楼のように見える。

電波のプリズム

天体からの電波を地上のパラボラアンテナで集めて受信する。しかし、その信号は極めて微弱で、ノイズの中に埋もれている。それがいかに微弱かということの説明では、月の上に携帯電話を置いたらどう見えるかという話がある。それは全天で指折りの明るい電波源になるのである。それほど微弱な宇宙からの電波を埋もれさせるノイズには、大気によるもののほか、観測装置自体からのものもあって、それらを極力減らすために超電導という技術が使われている。20世紀初頭にオランダの物理学者ヘイケ・カメルリング・オンネスによって発見された、特定の金属などを極低温にすると電気抵抗がゼロになる現象である。これは、量子力学によって説明されるが、いまだに謎も多く、とくに常温での超電導には、科学史にのこる不正事件もあったことが有名だ。いっぽうで、医療用ＭＲＩなどで浸透している技術でもあり、電波天文学用の受信機もこの超電導を利用している。

前篇冒頭に、観測中のアンテナの下部機器室からポンプの音が響いていると書いたが、その音は、受信機のミキサと呼ばれる部分を超電導にするために、絶対温度でおよそ4度（摂氏ではマイナス２６９度）にまで冷やす装置の音だったのである。ちなみに、これまた前篇冒頭に記した、アンテナがときどきやや大きく動くことで響く稼働音も、雑音を軽減するための工夫に関わっている。これは、目的の天体からすこし離れた点にもアンテナを向けて、それをバックグラウンドとして引くために、アンテナが追い続ける天体とは違う方向をときどき向く、そのときの音なのである。

受信機によって電気信号に変えられた電波は、次に分光計と呼ばれる装置に送られる。光ではないが、慣習的に分光計と呼ばれるその装置は、電波にたいするプリズムのようなもので、これがないと、波長と強度の関係であるスペクトルを見ることができない。野辺山観測所の45メートル電波望遠鏡のための主力の分光計は、長く音響光学型分光計というものであった。電波ならぬ音響と光学。これは次のような装置である。

受信機によって電波から変換された電気信号を、金属酸化物の結晶に与えると超音波の振動が起こる。逆圧電効果という現象で、その振動により、結晶の内部に微細な格子縞のようなものができる。そこにレーザー光を照射すると、格子縞にともなうパターンである回折像が描かれる。これを読み取る。つまり、その結晶を間接的なプリズムにして、元の電波の波長の成分を得るのである。野辺山観測所ではこの分光計によって多くの発見がなされたが、その装置は10年ほど前に引退し、現在ではデジタル分光計というものが使用されている。研究所というところは、装置を新陳代謝させることで最先端を維持しており、いかに巧妙精緻な装置でも、よりよいものができれば引退を余儀なくされるのだ。

最も初期のデジタル分光計のひとつは、野辺山のミリ波干渉計という、直径10メートルの複数のアンテナを組み合わせた、いまは引退した装置で用いられたものだった。それは、デジタルに変換された信号を、演算によって周波数の成分に分離する専用の計算機で、そのときに使われる演算の手順は、高速フーリエ変換というものだ。

波の重ね合わせに関するフーリエ変換という数学の理論を最初に考えたのは誰か、ほんとうにフランスの数学者ジョゼフ・フーリエなのかという話もあるのだが、それを計算機に適用し、実際に現実的な時間での計算を可能にした理論が高速フーリエ変換で、これについての話もまた興味深い。計算機業界の教科書的な話では、それは、1960年代にアメリカの数学者ジェイムズ・クーリーとジョン・テューキーによって発明されたということになっていて、わたしも漠然とずっとそうだと思っていた。しかし、どうやらそうでもないのだ。それをさかのぼること150年前、その計算方法を編み出していた人物がいた。それは、またしてもというか、あのフリードリヒ・ガウスなのである。高速フーリエ変換は、いわば、車輪の再発明だったのだ。

ガウスやオイラーといった図抜けた数学者の業績を知ると、巨人はいるんだよなあ、とか、科学は、多くの人たちの積み重ねというより、結局は天才のバトン・リレーなのではないかという思いが頭をかすめなくもない。実際、数学にはそういう面があるのかもしれない。しかし、やはり科学の歩みというのは、有名無名の者たち、それは科学者や技術者に限らず、科学に関心を持つすべての人びとによってなされる集合知である、とわたしは信じている。

かくして、宇宙からの電波の解析が可能になったわけだが、観測所の装置には、受信機より手前の部分にも、まだまだ興味深い、そして広くは知られていない科学や技術があるので、それも紹介しよう。

より精密に見たい、そして古い幾何学

電波望遠鏡は大きいほどよい。たくさんの電波を集めることができるし、解像度も上がるからだ。装置の口径が大きいほど解像度が上がるということは直感的にわかりにくいが、レンズや反射鏡より、カメラの絞りを考えると感じはつかめる。光が絞り穴をとおるとき、影になる部分にも波が伝播する回折という現象が生じるが、これを別の言葉で言えばぼけるということだ。このぼけは、穴が小さいほど顕著になる。カメラ愛好家なら、遠近ともに焦点を合わせようとして、絞りを絞りすぎるとぼけてしまうことがあるのを知っているだろう。そして、レンズや反射鏡も一種の穴と考えることができる。解像度の限界は、反射鏡やレンズの口径に反比例し、観測する電磁波の波長に比例する。光の場合は波長が短いこともあって、解像度の限界は小さい値になるが、電波ではより大きい値になる。これは、一般的に光の望遠鏡より電波望遠鏡の口径が大きい理由でもある。

解像度を上げるためには望遠鏡は大口径でなくてはならない。その限界を克服する画期

的なアイデアのひとつが、電波干渉計という技術だ。１９７４年にノーベル賞を受賞したイギリスの天文学者マーティン・ライルによる発明で、複数のアンテナを用いて同じ時刻に同じ天体からの電波を受信し、そのデータを組み合わせて仮想的な大口径の望遠鏡にするというものだ。チリのアタカマ高地にある国際協力施設として活躍中のＡＬＭＡ望遠鏡は、66基のアンテナからなり、２０１９年にブラックホールを撮像したＥＨＴ（イベント・ホライズン・テレスコープ）は、南極の電波望遠鏡なども含めた世界各地のアンテナを組み合わせて解像度を上げることでみごとな描像を得た。１９９７年には、地球を離れた人工衛星のアンテナも組み合わせた日本のＶＳＯＰ（宇宙観測装置による超長基線電波干渉計《VLBI》計画）も大きな成果を得た。電波干渉計の技術は、逆に、天体を導きの星にして陸地の精密測量にも使用されている。

となると、電波望遠鏡は電波干渉計があれば充分ではないかということにもなりそうだが、そうとばかりは言えない。電波干渉計は、観測に長時間を要し、時間変動する天体には向かず、データ処理も複雑になる。ふつうにカメラで写真を撮るさいも、望遠レンズだけで事足れりということはなく、ある程度の解像度がある広角撮影も必要になる。単一の望遠鏡もできることなら大口径としたいのである。

しかし、巨大で、かつ時々刻々と精密に向きを変えることのできる望遠鏡を地上に建設するには限界がある。人類は空気の底にいてフィルターがかかっていると同時に、重力にも縛られている。どんなに頑丈にしても、巨大なパラボラアンテナは自重で歪む。観測可能な電波の波長とアンテナの口径の関係には理論的な限界があり、波長3ミリメートルの電波を有効に観測できるアンテナの直径は、約25メートルが限界と見積もられる。となると、波長3ミリメートルの電波も観測している45メートル電波望遠鏡はいったいなんなのかということになるが、そこにはドイツの天文学者セバスチャン・フォン・ホルナーによるアイデアが生かされている。

フォン・ホルナーはこの問題の解決方法に、一、モーターを使って変形を補正する。二、レバーとカウンターウェイトで変形を補正する、三、変形にまかせる、の3つを示した。野辺山の45メートル電波望遠鏡で使われているのは三番目の方法だ。変形にまかせるというのは大胆というか、話がおかしいように思えるが、変形してもパラボラアンテナとして機能を果たす構造であればよいという逆転の発想なのである。アンテナの傾きによって変形が発生し、焦点の位置は変わってしまう。しかし、変形してもきちんと焦点を結ぶように、つまり別のパラボラ面になるようにすればよい。そうした構造を造ることは可能なのだ。45メートル電波望遠鏡は、この考えに基づいたホモロガス（相同）構造という設計によって造られている。アンテナの傾きに連動して移動する焦点の位置を時々刻々計算して、集めた電波を受ける副反射鏡を移動させる。これは巨大な主反射鏡の変形を補正するよりはるかに容易である。

なお、副反射鏡というのは、主反射鏡で反射させた電波をさらに反射させて焦点を別の位置に移すために使われている装置だ。最も単純には、主反射鏡の焦点の位置に受信機や受像機を置けばよいのだが、前述のような超電導受信機のような装置をアンテナの上部に置くのは難しいことなどもあって、多くの電波望遠鏡、そして光の反射望遠鏡は、副反射鏡を持つ構造となっている。実際には、副反射鏡で反射した先にも、さらにいくつかの鏡があって、集められた電波は、受信機が設置された下部機器室に送られている。ちなみに、野辺山45メートル鏡では、その際の反射鏡のひとつに、金沢の伝統工芸職人によって金箔が貼られている。反射効率をあげてロスを少なくするためである。

ところで、こうしたアンテナをパラボラというが、パラボラとはそもそもなんだろうか。それは放物線のことである。日本語では文字どおり、物体を投げたときの軌跡の意味で、楕円、双曲線と並び、惑星や彗星の軌道が描く曲線のひとつでもある。この曲線の幾何学的な特徴のひとつが、電波を集めることに使われている。その原理を理解するときに折り紙が役にたつということを最後に述べて、本篇のしめくくりとしたい。

無限遠から届く電波を、平行線として紙の上に描き、それを1点に集めることを考える。それには、平行線の線分の端点を1点に集めるように折り返せばよい。レンズや反射鏡は、光や電波を「折り曲げる」装置だからだ。このとき、折り返しの折り目が反射鏡の傾きになる。実際に折ってみると、徐々に角度が変わる多数の折り目によって、曲線が描かれるのがわかる。これがパラボラである（図1）。

主反射鏡がパラボラであるのにたいして、副反射鏡に使われる曲面は双曲線に基づく双曲面や楕円に基づく楕円面である。これらの曲線もまた折り目が描く曲線として示すことができる。これらの曲線には焦点がふたつあって、反射によってある焦点を別の焦点に移すときに描かれる図形に相当する。

楕円は、円周上の点を円の中にある1点に合わせて折り返したときの折り目が描く曲線である（図2）。つまりこの曲線は、ある点から放射状に広がる線を反射させて別の一点に集めるものなのだ。この幾何学的性質を利用したのが、スコットランドの数学者ジェームス・グレゴリーによって考案されたグレゴリー式反射望遠鏡である。

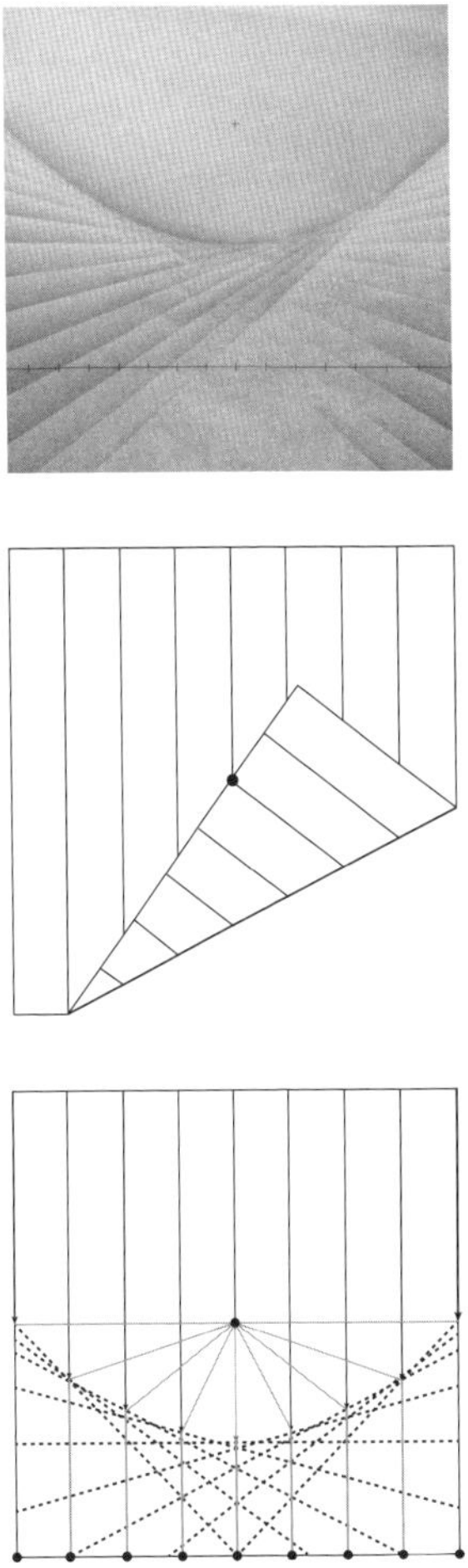

図1　平行線を折り曲げて一点に集めるかたちとしての放物線

図2　一点から放射する線を折り曲げて、別の一点に集めるかたちとしての楕円。P点をF点に折り返したときの折り目（破線）が楕円の接線となる。グレゴリー式と呼ばれる反射鏡はこの幾何学を用いている。

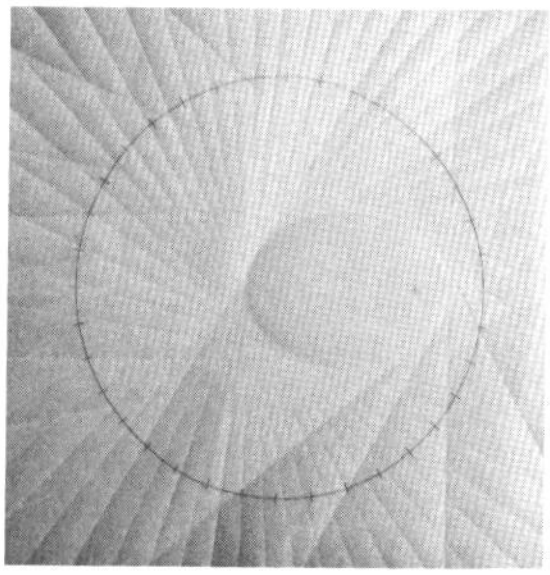

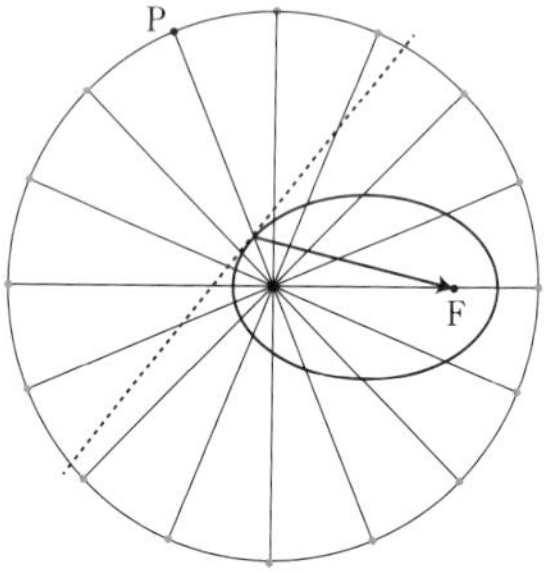

折り目で描く楕円

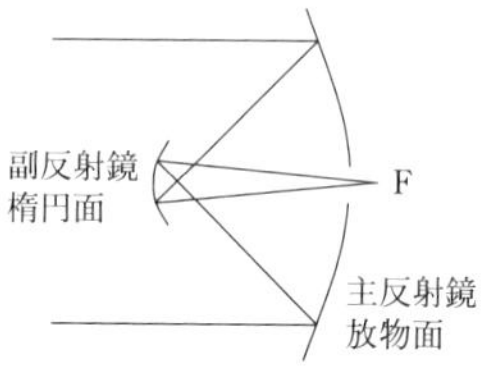

グレゴリー式反射鏡

図3　一点に集まる線を折り曲げて、別の一点に集めるかたちとしての双曲線。P点をF点に折り返したときの折り目（破線）が双曲線の接線となる。カセグレン式と呼ばれる反射鏡はこの幾何学を用いている。

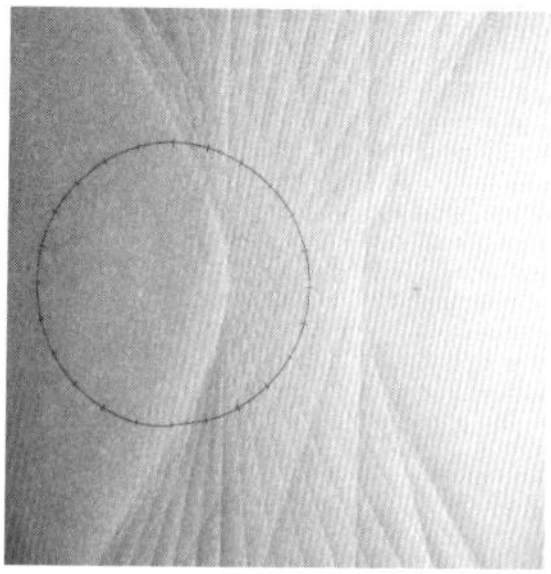

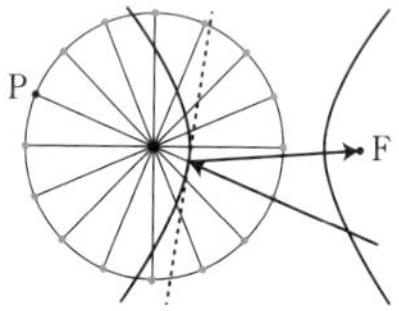

折り目で描く双曲線

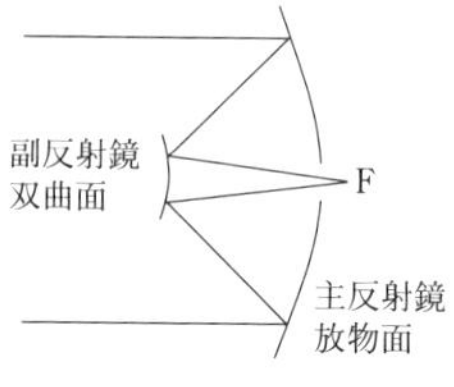

カセグレン式反射鏡

いっぽう、円周上の点を円の外にある1点に合わせて折り返したとき、折り目は双曲線を描く（図3）。双曲線は、楕円と同様に、1点に集まる線を反射して別の1点に集める曲線なのである。

放物面と双曲面を組み合わせた反射望遠鏡は、発明者であるフランスの司祭ローラン・カスグランの名からカセグレン式と呼ばれる。ニュートンやグレゴリーと同時代人である彼は、長い間、ファーストネームも不明の、いわば無名の功労者であったが、今日の多くの反射望遠鏡やパラボラアンテナは、このカセグレン式の応用となっている。カセグレン式にはいくつかの利点があるが、そのひとつは、図2と図3の比較ですぐにわかる。カセグレン式では、副反射鏡を主反射鏡の焦点（主焦点）よりも主反射鏡に近いほうに置くことになるため、全体をコンパクトにすることができるのだ。

ともあれ、放物線や双曲線、楕円といった曲線の幾何学的性質を使っているのが反射望遠鏡、パラボラアンテナというものなのである。そして、これらの曲線の研究は古代ギリシアからなされてきた。アルキメデスと同時代を生きたペルガのアポロニウスの著書『円錐曲線』の円錐曲線というのは、これらの曲線を意味する。円錐面を平面で切断したときに現れる曲線だからだ。

アルキメデスがシラクサの戦いで、敵の船を焼くために凹面鏡を兵器として使ったという伝説がある。史実かどうかわからないが、放物線の面積計算の業績もある彼が、凹面鏡の幾何学を理解していたのは間違いないだろう。その後これらの曲線は、前述のように、ケプラーの業績を継いだニュートンによって、惑星や彗星の軌道として統一的に示され、科学の革命となった。自然の中には幾何学が隠れていて、適切な補助線があれば、その調和を感じることができる。その知恵は、できれば船を焼くことにではなく、世界を理解することのために使いたい。

折り紙の歴史に関わるあれこれ

『子供の遊戯』と風車

『ハーメルンの笛吹き男』（阿部謹也）は、笛吹き男に導かれて子供達が消えた伝説と、実際の事件との対応など、探偵小説的な興趣がありながら、それにとどまらず、伝説がなぜこのかたちとなったのか、差別や貧困の問題につながる考察が現代も照らす一冊である。この名著に、次の記述がある。

「要するにこの時代は子供にとって大変厳しい時代でもあった。（……）また子供用の玩具などはほとんどなく、せいぜい女の子に人形、男の子に吹矢や騎士人形、竹馬、風車などがあったことが記録に残されているにすぎない」

わたしが気になったのは、風車《かざぐるま》についてだ。風車というと、正方形の紙に切れ込みをいれ、その4個の頂点を中心に集めたかたちを思い浮かべる人が多いだろう。そうした風車は時代劇にでてくることもあるが、あれは考証ミスであると考えてよい。『水戸黄門』の風車の弥七その人自体にはモデルとなった人物がいて、その墓も訪ねたことがある。しかし、風車のついた手裏剣を投げていた人ではない。忍びの者があんな派手なものを使うはずがないということのほかに、その時代にはあのかたちの風車自体がなかったと考えられるからだ。玩具としての風車はあった。江戸後期の随筆『守貞謾稿《もりさだまんこう》』（喜田川守貞）に図が載っていて、他の錦絵にも描写がある。しかし、そうした図像資料を見る限り、その玩具は、放射状にした竹ひごのような棒の先に紙片などをつけたものであって、今日わたしたちが風車として思い浮かべる、切り込みをいれた正方形からつくるものではない。江戸初期の山城国の地誌『雍州府志《ようしゅうふし》』にも風車の記述があるが、「片細竹ヲ以テ小花輪ヲ造ル青紅之紙片ヲ貼シ花葩《ハナビラ》之状《カタチ》ヲ模ス」というものなので、『守貞謾稿』と同様のものであったことがわかる。いまは、正方形の紙に切り込みをいれずに折ってつくる折り紙の風車もあるが、それでもない。

切り込みを用いない折り紙の風車は、明治以降に輸入された西欧起源のものである可能性が高い。ドイツの教育学者フリードリヒ・フレーベルが教材としてとりあげ、幼児教育の素材として導入された紙の造形の中にそれがあるからだ。一般に折り紙という文化は日本生まれのものと考えている人が多い。オリガミという言葉が日本語起源として各国語の辞書にも載っているのは事実だ。しかし、個々のモデルを調べると、西洋起源のものも少なくない。これに関しては、明治のお雇い外国人で大森貝塚の発見で知られるエドワー

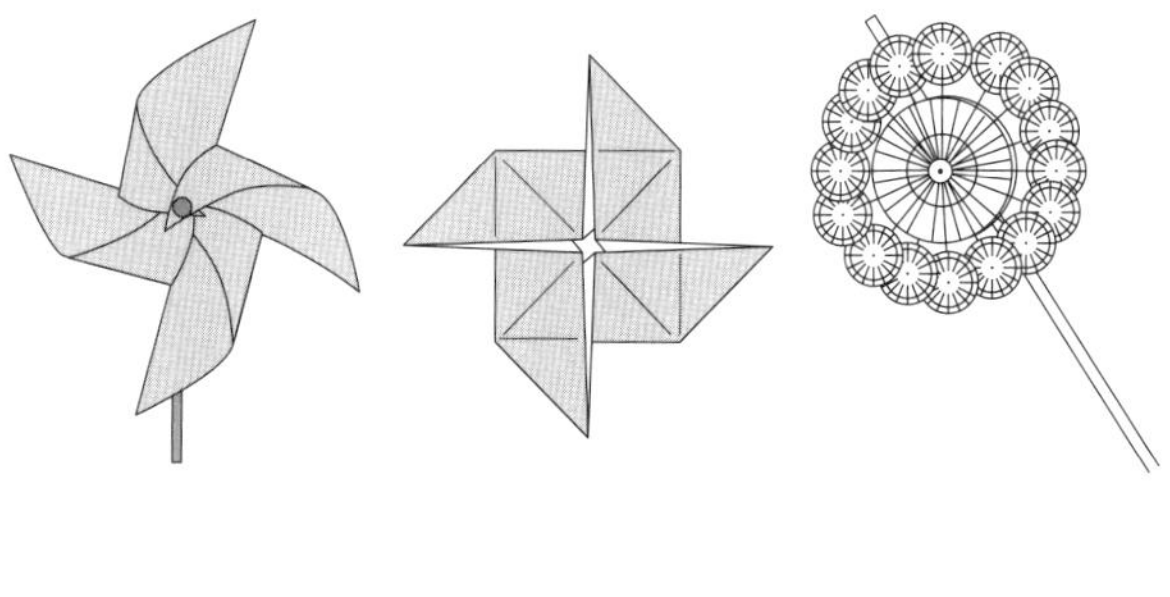

図1　風車。左から、正方形に切り込みを入れてつくる風車、切り込みを入れない折り紙の風車、喜田川守貞『守貞謾稿』（江戸後期）巻之二十八にある風車（写し、部分）

ド・モースの１８７９年の日記の記述も興味深い。

「日本人は紙で種々なものをつくるが、それ等の多くは非常に工夫が上手である。普通につくられる物はキモノ、飛ぶ鷺、舟、提灯、花、台、箱であるが、箱は我々が子供の時、捕らえた蝿を入れるためにつくった物とは、全く相違している」（石川欣一訳『日本その日その日』）

日本の折り紙造形の豊かさに感心しながら、「捕らえた蝿を入れるためにつくった物」がでてくることに注目してほしい。これは、「蝿の牢獄」もしくは「水爆弾」と呼ばれるモデル、日本では「風船」と呼ばれるものに相当すると考えられる。水爆弾というのは、中に水をいれて、それをぶつけて遊ぶことによる名称だ。風船という言葉自体、主に気球や落下傘を意味し、近代になって広まったものだが、あのモデルも風車と同様に明治以降に伝播したものと考えられるのだ。なお、舟形の紙を張り合わせた紙風船も江戸時代には存在しないと推定できるので、戦前の映画の傑作である山中貞雄監督の『人情紙風船』も、歴史考証としては正しくない。

話が風船にそれたが、折り紙的な風車が近世以前のヨーロッパにもあったのかというのがわたしの気になることだ。フレーベル的な折り紙は、イギリスの折り紙研究家デビッド・リスター氏などにより、16世紀ごろにはあったパーテンブリーフ（ドイツ語で「名付け親の手紙」の意味）という、畳まれた洗礼証明書にも似ていることが指摘されている。

それに似た風車が古くからあったとすれば、折り紙の歴史におけるちょっとした発見となる。むろん、当時の紙は超貴重品だが、木の皮などを使った似た構造の風車はなかったのか。

『笛吹き男』の記述は、巻末参考文献にある『過去のドイツにおける子供の生活』（H・ボッシュ、1900年）に対応していると思われる。この本自体の内容は確認できていないのだが、一次資料のひとつはこれだろうという推測はある。ピーテル・ブリューゲルの絵画『子供の遊戯』だ（図2）。そこに、竹とんぼ的な水平の三連の風車や、棒の先に風車をつけたものを持った子供の姿が描かれているのだ。

図2　ブリューゲル『子供の遊戯』より（部分）

ブリューゲルの『子供の遊戯』は、1560年に制作された、100種近い遊びが描かれた風俗画だ。目をみはる研究として、『ブリューゲルの「子供の遊戯」——遊びの図像学』（森洋子）という、絵を細かく分析した一冊もある。同書では、風車に関する考察

も、巻きつけた糸をひいて回す「くるみ風車」と、棒の先に風車をつけた騎士ごっこに関する記述として、約５ページにわたって解説がなされ、別の文献からの風車の図像も集められている。しかし、それらを参照しても、残念ながら折り紙的な風車を見つけることはできなかった。

ただ、折り紙の風車が見つからなくても、玩具の風車の歴史自体にも興味は尽きない。ネーデルランドで穀物をひくための風車《ふうしゃ》ができたのは13世紀ごろのようだが、玩具の風車の成立は、それより古い可能性もあるという。

沖縄に97歳の長寿を祝うカジマヤーという儀式があり、そこでも風車は重要な小道具である。異説もあるが、カジマヤーという言葉自体、風車の意味だともされる。近代以前にもその風俗はあったのか、あったとすれば、どういうものだったのか。また、江戸の玩具の風車の起源がオランダ渡来の可能性はあるのか。こうした疑問の答えは見つけることはできていないが、空想は広がる。

『風流をさなあそひ』と折り紙

日本にも、子供のさまざまな遊びを描いた『風流をさなあそひ《ママ》』という版画がある（図３）。１８３０年ごろの歌川広重による二枚の刷りものだ。そこには、風車こそ描かれていないが折り紙が描かれている。

この版画を紹介する資料は、その二枚を、それぞれ男児編と女児編としていることが多い。しかし、詳しく検討してみると、それはきわめて疑わしい。たしかに、手まり、おはじき、あやとりなどに興じているのは女児で、火消しごっこや独楽回しを楽しんでいるのは男児だ。それらは、それぞれ別の一枚に刷られている。しかし、この二枚には、そもそも男女別に描いたという記述はない。また、をりもの（折り紙）で遊ぶ子供の髪型は、前髪を残してのこりを剃ったものだ。前髪奴《まえがみやっこ》と呼ばれるこの髪型や、頭頂部をのこす芥子坊《けしぼう》は、男女の別に分ける以前のより幼い者の髪型である。柳田國男のいう「七つまでは神のうち」説のような、7歳未満の幼児に一種の聖性を見る民俗文化があったとする説は実証性が乏しいとして異論もあるが、歴然と髪型の違いはあった。彼らが折っているのは蛙などで、けっこう難しいものだが、幼児でも折ることはできるので、ここに描かれたのは幼児と見るべきで、女児ではない。

よく見れば「女児編」とされたほうに描かれている狐つりという遊びにも、男児と女児が描かれている。また、「男児編」とされたほうに描かれた、竹馬に乗っている子や、神楽ごっこで小さい太鼓

図3　歌川広重『風流をさなあそひ』より（部分）

をたたく子に、女児に見える図がある。つまり、この二枚を男児編と女児編に画然と分けて見ること自体が、近代のジェンダー・ディヴィジョン《分離》の視線だった可能性が高い。ふたつの刷りは、いっぽうにのみに遊びの名称が記されているように、体裁も微妙に異なっていて、そもそもこれは一対の絵なのかという疑問もある。室内遊びと屋外遊びという区別もありそうでないが、遊びの傾向をわけただけで、男女の別ではないのではないか。少なくともこの版画での折り紙（をりもの）は、女児の遊びというより、その分化が明確になる前の幼児の遊びとして認識されている。

さて。そもそも日本における折り紙という文化だが、起源のひとつは、中世の武家の礼法における紙の包みであると考えられる。そして、近世の紙の普及と共に、遊戯性の高い造形も加わって広まっていったというのが大きな流れだ。ちなみに折り紙という言葉は、鑑定書の意味の折り紙つきという言葉などで古くからあったが、現在の折り紙に相当する言葉は、をりもの、をりすえ、をりかたなどが用いられた。

遊戯性がつよい折り紙が普及したのち、それを楽しんでいたのはどういう人だったのだろうか。江戸後期の風俗随筆『嬉遊笑覧《きゆうしょうらん》』（喜多村筠庭《きたむらいんてい》）には、名人がいたとの記述もあり、世代を超えた趣味工芸であり、手遊《すさ》びであったと考えられる。18世紀末には、『秘伝千羽鶴折形』（秋里籬島《あきさとりとう》）という、49種の切りつなぎ折鶴を、艶めいた狂歌とともに紹介した遊戯折り紙の指南書も出版されている（本書１７４～１７５ページ参照）。狂歌を読むととうてい子供向けではない本だ。しかし、やはり折り紙の指南書である『折形手本忠臣蔵』に載る『千羽鶴折形』の広告には、「御子達にてもがてん仕安《しやす》きやう絵圖を以て委《くわ》しくしるす書なり」とあるように、子供も対象としていたこともわかる。そして、『風流をさなあそひ』に描かれたように、幕末期には、それは主に幼児の遊びのひとつとして認識されていたようだ。

これが近代に入ると、『風流をさなあそひ』を男女別と見る視点のように、折り紙は女児の遊びという考えが一般通念となる。たとえば、昭和なかばの国語辞典には、「折り紙」の説明としてずばり「女児の遊び」と書いたものがあった。折り紙は子供の遊びであるという認識が定着したのは、近世にすでにあった幼児の遊びという認識が、明治以降に幼稚園教育の教材として採り上げられたことと相まって、その保育的《ナーサリー》なイメージが多くの人の折り紙の心象となったためだろう。そしてそこに手弱女ぶりの女児の遊びという僻見が重なったのではないか。かくして、折り紙という遊びに関する視線は、それを子供の遊びに押し込めるような考えのみならず、ジェンダーの問題にも関係してくる。

そのわだかまりは、わたし自身が体験してきたことでもある。１９８０年代に、わたしの「設計する折り紙」が新聞等で何件か紹介されたことがあるのだが、そのとき「理学部の（男子）学生が折り紙」という意外性を強調した取り上げかたをされた。理学部云々はおいて「男子」のほうは、明確にそう記されたわけではなく、意識過剰もあっただろうが、被取材者として、妙なニュアンスを感じたことをありありと思いだすことができる。そのままの文章ではないが、ある記事には「折り紙を楽しむいっぽうで、自転車旅行をする学生」のような記述もあった。軟弱なだけではない青年らしさを持った者という、わたしに気を使った記述だと感じたが、もやもやと落ちつかなかった。それは、編み物男子や少女マンガを読む男性に向けられる視線に近いと感じた。

わたしにとって難しかったのは、折り紙を「おんなこども」のものとする言葉に反論したい思いが生まれた場合、自分にも「おんなこども」への偏見があるのではないかという問題に直面したためだ。それは、折り紙文化への無理解だけではなく、当時その概念は知られていなかったが、自分の中にあるミソジニー《女性蔑視》や年齢差別的な偏見を再認識させられる問題でもあった。

近年、そうした視線はなくなってきた。たとえば、折り紙に関する会合には、文字どおり老若男女が集まる。これが、性別や年齢を超えた平等の意識がすこしは進展したゆえということであれば慶賀の至りなのだが、海外の折り紙愛好家の色眼鏡の色が薄く、日本の折り紙のコミュニティーが彼らと連係することが多くなったという事情も大きいと思っている。どの国にもジェンダーや年齢のバイアスがあるのはいうまでもないが、日本を離れたオリガミは、そうしたことで強くは色分けされていない分野だったのである。

『趣味とジェンダー――〈手づくり〉と〈自作〉の近代』（神野由紀、辻泉、飯田豊編著）

という研究書は、女性に結びつけられてきたものを「手作り」や「手芸」、男性に結びつけられてきたものを「自作」や「工作」として論を組み立て、示唆的な考察が並ぶ一冊である。しかし、折り紙をこの観点で位置づけるのはどうにも難しい。

あることがらが、周辺的《マージナル》であったがゆえに、カテゴリーを超えた自由を獲得することはある。折り紙は、手芸と工作にまたがるという意味でも、いわゆる理系文系と美術にまたがるという意味でも、年代を問わない意味でも、分野を越境する性格を持っている。そして、そのことの持つ豊かさはまだ見えはじめたばかりだ、とも思う。

あやとりの話

猫のゆりかご

カート・ヴォネガットの小説『猫のゆりかご』は、摂氏45・8度以下で結晶する水「アイス・ナイン」によって世界が滅ぶ話である。事実、水の結晶構造は1種類ではない。2021年に山根崚らによって発見されたものを含めて20種類が見つかっている。『猫のゆりかご』が書かれた1963年当時、水の結晶構造は「氷Ⅷ」までが知られていたので、まったく新しい相という意味でのアイス・ナインだったのだ。その後見つかった現実の「氷Ⅸ」はもちろん世界を滅ぼすようなものではなかったし、ヴォネガットの小説は、どこかとぼけていていわゆるリアリズムではないのだが、世界を滅亡させるしくみとしては妙に説得的だった。これは、彼の兄のバーナード・ヴォネガットが、人工降雨に関する気象学者であったことも関係していたらしい。彼は、ヨウ化銀を雲の種にして雨を降らせる方法の発見者なのだ。

小説の中でこのとんでもない氷の相を発見した科学者フィリックス・ハニカーは、マンハッタン計画、すなわち原爆製造プロジェクトの中心人物でもあったという話になっている。ふつう、こういう筋の小説なら、その題名は『アイス・ナイン』などとするだろう。ところがその題名は『猫のゆりかご』というものである。にもかかわらず、この小説には「猫なんていないし、ゆりかごもない」（ハニカーの台詞、伊藤典夫訳）のである。

そもそも猫のゆりかごとはなんのことかというと、これはあやとりのことなのだ。物語中、ハニカーは広島に原爆の落ちたまさにその日あやとりをして息子に見せて泣かれ、その息子は後年あやとりの絵を描く。と、あやとりは登場するのだが、ヴォネガットがなぜこの題名にしたのかはよくわからない。それどころか、あやとりのことを猫のゆりかご（キャッツ・クレイドル）と称すること自体も、語源として定説がなく、それ自体が謎の言葉なのである。ヴォネガットはそのわからなさが気にいったのではないだろうか。なお、猫のゆりかごという言葉（フランス語なども同様）は、主にふたりで互いにとりあうあやとりを指す言葉であり、あやとりを指す総称は英語ではストリング・フィギュアと呼ばれ、区別される場合もある。

あやとりというのは不思議な文化だ。『ドラえもん』の野比のび太くんがあやとりの名手であるという設定があるのも知る人ぞ知るところだが、小学校で突如あやとりが流行って休み時間にそればかりをしていることは現実にあるそうで、これは『ドラえもん』のエピソードのひとつみたいな話である。そういう印象もあって、読者の中には、折り紙と同様にあやとりも日本のものと考えていた人もいるのではないだろうか。しかし、それは間違いで、あやとりは世界各地に分布している。

いきなり話が飛ぶようだが、いわゆるフォーク・ソングのきっかけのひとつとなった、民俗音楽のコンピレーション・アルバム『アンソロジー・オブ・アメリカン・フォーク・ミュージック』の編者として著名なハリー・スミスという人がいた。実験的な映像作品の製作やオカルトの研究などでも知られた奇人である。風貌はどこかカート・ヴォネガットにも似ている。ここで彼を紹介したのは、彼があやとりの収集もしていたからだ（街の中に落ちていた紙飛行機の収集もしていたのだが、それはまた別の話である）。インタビュー集『ハリー・スミスは語る』（ラニ・シン編、湯田賢司訳）の中で彼は次のように語っている。

「あやとりはいわゆる『文明』を持たないと考えられてきた地域に広く分布していたらしい。すべての原始的な社会で行われていて、かつ『文化を持つ』社会では行われていなかった唯一のものがあやとりだったんだ」「至るところであやとりが見つかっている。フランス、ロシア、日本、中国、トルコではゲームの関心が高いにもかかわらず、あやとりは存在しない」「奇妙なのは、どんなかたちをつくるにしても紐が決まって同じ長さで、そしてたった一人でつくるという点だ。あやとりに似ているけどまったく無関係な猫のゆりかごは、ヨーロッパとアジア全土で見られるが、猫のゆりかごは一つのゲームであって、あやとりは本質的に何かの絵だ」

大筋においてこれらの言葉は的を射ている。現在確認されているあやとりの多くは、ネイティブ・アメリカン、イヌイット、太平洋の諸島、オセアニア、アフリカなど、文字を持っていなかった人びとから採取されたものなのである。彼は「知るかぎり、歌以外に普遍的なものはあやとりだけだ」とも語る。ただ、彼のいうことは、日本に関しては正しくない。日本は「文明化」された地域ではめずらしく豊かなあやとりがあったといえる地域だからだ。これに関しては、前篇でも触れた明治のお雇い外国人エドワード・モースの日記の記述が面白い。いわく、「玩具や遊戯の多くは、我国のに似ているが、多くの場合、もっとこみ入っている。一例として綾取をとれば、そのつくる形は、遙かに我々以上に進む」（『日本その日その日』石川欣一訳）

日本特殊論をいたずらに主張するのは危うく、また、日本のあやとりの歴史に関しても文献的に遡れる資料はそう古くはなく、文明と未開という問題も大きすぎて手に余るが、あやとりと折り紙の類似性ということについてはすこし触れておきたい。あやとりは輪になった一次元の紐で図形を描き、折り紙は二次元の紙を変形させてかたちをつくる。そしてそこには、かたちを別のものに見なす見立てが関わってくる。星座や地形などの見立ては、人の認識の基本のひとつだと思うが、そうしたものの見かたは文明の発達でかき消されてゆく傾向があるのかもしれない。

いっぽう、あやとりと折り紙の違いということでは、紙は特殊な技術を必要とする製品であるのにたいして、紐はそうでもないということは大きい。あやとりの輪のサイズが世界中でほぼ一定であることは、動物の胴の皮を輪切りにしたものを使っていたためではないかと考えたこともあるが、そうでなくても、紐を輪にすることは、折り畳める薄いシートをつくることに比べてはるかに容易く、輪のサイズは手を広げた幅という身体性にも関係しているのだろう。

手順と構造

折り紙の専門家であるわたしが、なぜあやとりの話をしているかというと、それに関わってきたことがあり、いまも関心は持ち続けているからだ。あやとり研究の中心となっているインターナショナル・ストリング・フィギュア・アソシエーション（国際あやとり協会）は、日本あやとり協会が発展的解消をしてできた組織である。これらの組織の中心人物だったのが数学者の野口廣《ひろし》で、わたしは、折り紙創作家の笠原邦彦を経由した氏の誘いで日本あやとり協会の初期メンバーでもあった。そして、その面白さと豊かさに入れ込んでいた。各種あやとりも覚えて、新しいあやとりの創作もした。いまでも、はしごやほうきなどの日本のあやとりのほか、カラマス族（ネイティブ・アメリカン）の「うさぎ」、ナバホ族の「テントの扉」などを覚えている（図1）。ただ、折り紙作品のように多数を覚

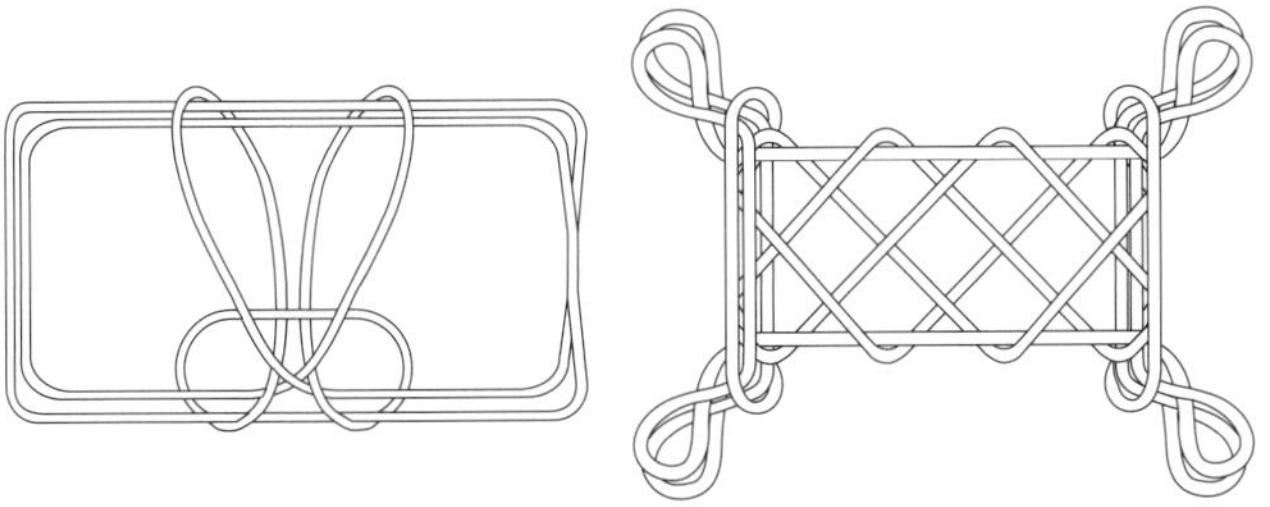

図1　あやとり。左：カラマス族の「うさぎ」、右：ナバホ族の「テントの扉」

えることはできていない。

あやとりでつくる図形は残らない。完成したかたちは寸刻のもので、終わればまたただの輪に戻る。岡本太郎はこのことに注目し、『美の呪力』の中に、「永遠にひるがえり、もつれ、解け、瞬間瞬間に変化し、そして突然ただの、まったくただ一本の糸に還ってしまう。それは人間の運命を象徴しているかのようだ。／同じ遊びでも、たとえば折り紙にはそのような感じはない。はじまりと終わりの秩序がきまっている。平たい紙から順序を追って進み、『型』に到達すれば終わりだ」と、いかにも岡本太郎的な言葉を残している。あやとりを高く評価するために折り紙を引き合いにしているのは納得できないが、いわんとすることはわかる。音楽と同様に短い時間だけ立ち現れ、そして消えていってしまう有り様が彼の琴線に触れたのだろう。

ただ、折り紙も手を動かして紙を変形させる造形であり、できあがったかたちがすべてなのではない。完成形がすべてであれば、切らないことや一枚の紙、糊づけしないといった制約に意味はなくなる。平坦な紙からかたちが立ち上がってゆくさまを含めての折り紙なのである。それは、造形と手順と構造が一体となったものだ。ここで、構造という言葉はたぶんわかりにくいだろうが、それは次のようなことである。

わたしは、自分の作品を中心に多くの折り紙作品を覚えていて、図を見なくても折ることができる。即興ができるのもその蓄積があるからだ。しかしそれは、最初に対角線で折って次にそれをまた半分に折ってというふうに、手順のすべてを覚えているからではない。完成形の造形が紙のどこに配置されるかという展開図で覚えており、それをひとつの図形として記憶しているのだ。その展開図は折り畳み可能な幾何学の制約によって秩序立った構造を持つので覚えやすい。展開図を覚えていれば手順を無視して、基本的な折り目を構造にしたがってつけて、ほぼ一気にまとめることもできる。囲碁や将棋の棋士は盤面を絵として記憶しているというが、それに近いのかもしれない。したがって、折るときの手順が折るたびに違うこともある。ただ最近は、手順の面白さ――これは人に伝える面白さでもある――にも注意を払うようになってきて、これまた工夫のしがいがある。文章でいえば、文脈やあらすじが構造で、文体や修辞が手順である。

また話が突然飛ぶようだが、テッド・チャンの『あなたの人生の物語』というSF小説がある。そこにでてくる異星人の言語は、広がりのある図形として示される。論理構造などが一瞥して把握できる言語なのだ。いっぽうわれわれの言語は逐次的に並べられる。いわば一次元だ。折り紙の構造と手順の関係はこれにも似ている。しかし、あやとりにおいては、その構造を一瞥で記憶することは困難だ。少なくともわたしは手順で覚えるしかない。折り紙と違って、あやとりの構造は異星人の言語じみている。

これは、野口廣が専門の位相幾何学の観点であやとりを語った際の言葉とも関係している。いかに複雑なかたちであっても、あやとりは絡み目のない輪にすぎず、「構造」は変わらないということだ。絡み目のある輪というのはたとえば図2のようなもので、これは本質的にあやとりの輪と異なったものなのである。いかにあやとりの紐をからめてもこれと同じにはならない。そうしたこともあってか、野口は案外あやとりにたいして数学的な分析をしていない。完成形の指にかかった部分を動かせないようにすれば、単純な輪ではない絡み目とも解釈しうるので、その位相を分析することは可能だろう。そうした解析はほとんどなされておらず、研究の鉱脈のひとつかもしれないとも思う。しかし、それが折り紙の展開図のような（慣れれば）造形の全体を一瞥で見渡せる、俯瞰的な認識の方法になるとは思えない。

よって、あやとりを創作するさいもたいへんだ。まずは、手を動かしていくうちにできたかたちを発見するということがひとつである。見立てということで、折り紙の場合にも似たことがあるのは前述のとおりだ。しかし、それでは満足できなかったので、いわば理詰めの創作も試みた。そうしてできたもののひとつが、あやとりによる折鶴である（図3）。これは、次のような方法でつくった。

ひもを机の上において、うまく絡ませて目標のかたちをつくる。この際に注意しないといけないのは、紐の絡まり具合がよくないと、実際に指にかけたときに、そのかたちが維持できないことだ。よくあるのは、中心に集まる結び目のようになってしまうことである。これがうまくのりきれると、次に考えるのは、いわゆるリバース・エンジニアリング

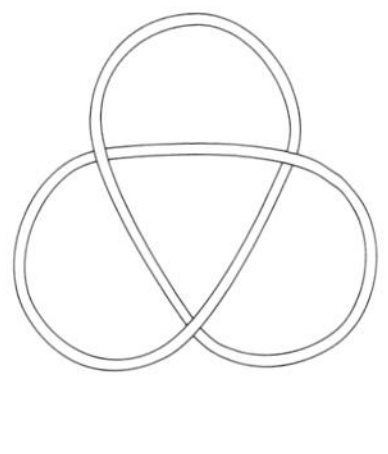

図2 絡み目の例

である。工学の用語で、動作原理や機構がわからない製品を分解、解析して、明らかになっていない設計図やプログラムコードを推測することだ。

あやとりの場合、それがどういうことかというと、まず、机の上でつくった完成形を指にかける。そして、単純な輪になるように絡みをすこしずつ解いてゆくのだ。このとき、あやとりの技としてよく知られた「ナバホ取り」（ナバホ族のあやとりに由来する技法）の逆手順にするなど、「自然な」技法になるようにする。それをただの輪になるまで続ける。それを逆回転させれば手順の完成である。こうしてできた「折鶴」は悪くないできだと思っている。ただ、わたし自身その手順は忘れてしまう。理詰めなゆえの不自然さもあるのだろうが、自転車や泳ぎのような身体的な手続き記憶にするのは簡単ではない。

世界各地のあやとりは、採取されたものだけでたいへんな数があるが、忘れ去られてしまったものも多い。完成形が残らないこと、手順を覚えるのが困難であること、そして、生活習慣や社会構造が変わって伝達がなされなくなっていったためだろう。彼らがどのようにそれを覚えていたのかも興味深い。なかには歌とともに採取されたものもあるという。歌いながらとっていたのだ。ハリー・スミスが歌とあやとりを並べたのは、その点でも慧眼だといえるだろう。あるいは、あやとりというのは一種の言語といえるのかもしれない。そして、多くの民俗的な歌も喪われてしまったように、多くのあやとりも喪われたのである。

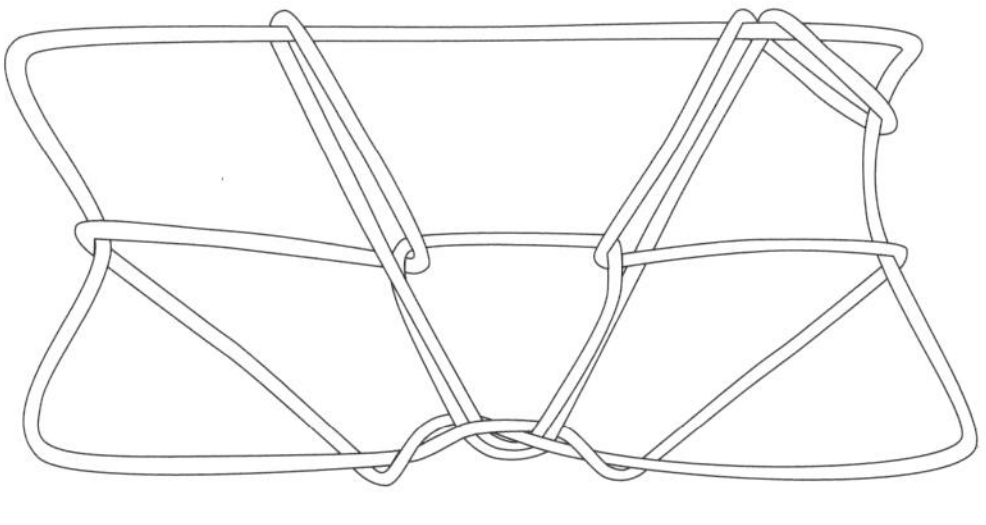
図3　あやとりの「折鶴」

紙飛行機の話

飛行機より古い紙飛行機

映画『猿の惑星』（ピエール・ブール原作、フランクリン・J・シャフナー監督、1968年）に、人間のつくった紙飛行機を見た猿たちが驚愕するシーンがある。猿たちは飛行する道具や機械を知らないのである。また、マンガ『JIN―仁―』（村上もとか、2000－2010年）に、幕末にタイムスリップした医師の主人公が折った紙飛行機が、江戸の子供たちの人気になるという話がある。

どちらも印象的なエピソードだが、次のような疑問も生まれる。紙飛行機というものは、はたして飛行機発明以降のものなのかということだ。なお、ここでいう紙飛行機は、一枚の紙を主に折るだけでつくるものを指す。一般に紙飛行機といった場合、紙を素材にして各種パーツを貼り合わせてつくった模型飛行機を意味することもあるが、ここでの話はそれについてではない。

わたしが『猿の惑星』のこのシーンを観たのは、まだ小さな子供のころだったが、そのさい「猿だってあれだけ文明が進めば、実際に飛行機をつくることができなくても、紙飛行機ぐらい思いつくのではないか。おおげさではないか」と思った。あらためて考えてみれば、それは、見馴れてしまったことを当たり前とみなす錯覚、心理学でいう後知恵バイアスだが、ブーメランや凧、竹とんぼや投扇興など、ものを飛ばす道具や遊戯が古くからあったのもたしかだ。紙飛行機がいつからあったのかという疑問は消えない。

紙飛行機という言葉が、飛行機が一般化して以降の言葉であるのは、まず間違いがない。ただ、ここにも若干の込み入った話がある。飛行機という言葉は、いわゆる飛行機そのものより古いともいえるのだ。『明治の文豪と飛行機』（村岡正明、『航空と文化』No. 81、２００３年）によると、飛行機という言葉は、森鷗外の『小倉日記』の１９０１年３月１日付の記述が最も古い。１９０１年というのは、ライト兄弟による有人動力飛行機の初飛行の１９０３年より前である。鷗外の「飛行機」は、ドイツ語のFlugzeug（飛ぶ物）の訳と考えられ、すでに実用化されていた気球などを含む「飛ぶ装置」という広い意味を持っていたのだろうが、面白い話である。さらには、鷗外からさかのぼること十余年前、日本の航空機研究の草分けである二宮忠八が、「飛行器」なる言葉を使っていたことも知られている。

そして、紙飛行機の話である。じつは、これも飛行機より古い。１８９０年にイギリスで刊行された『キャセールのスポーツと娯楽の本』という本に掲載されている「紙の矢」（ペーパー・ダート）がひとつの証拠だ（図1）。キャセールというのは出版社の名前で、この本は、数々のスポーツやレクリエーションを紹介した、ほぼ1000ページに及ぶ分厚いガイド本である。「アメリカンゲーム・オブ・ベースボール」すなわち野球から、ポーカーのルールまで載っている本で、その中に、「玩具あそびと玩具製作」という章があり、そこに「紙の矢」のつくりかたが、図とともに紹介されている。これが、いまある紙飛行機（槍飛行機）と同一のものなのだ。

「紙の矢」は、さらに時代をさかのぼることができ、どうやら、1800年ごろには存在していたようだ。ただ、「紙の矢」と呼ばれた遊びが紙飛行機と同じだったかというと、そうだとはいいきれない。『キャセール』より数年前に出版された『幼稚園便覧　第2巻　手技』（マリア・クラウス゠ベルテ、ジョン・クラウス、1882年）という本にも、紙飛行機を思わせる図が掲載されており、これも「紙の矢」（ただし、ペーパー・ダートではなく、ペーパー・アロウ）と名づけられている。折りかたは『キャセール』のものとはすこし異なり、用紙形も槍飛行機と違って正方形だ。同書には完成図があるだけで、折りかたが文章で説明されているので、再現には手間どったのだが、その再現の過程でわかったことがある。それが紙飛行機ではないということだ。どういうことか。再現に苦労した理由は、できあがったものがうまく飛ばなかったためなのだが、これは、飛ばすというより

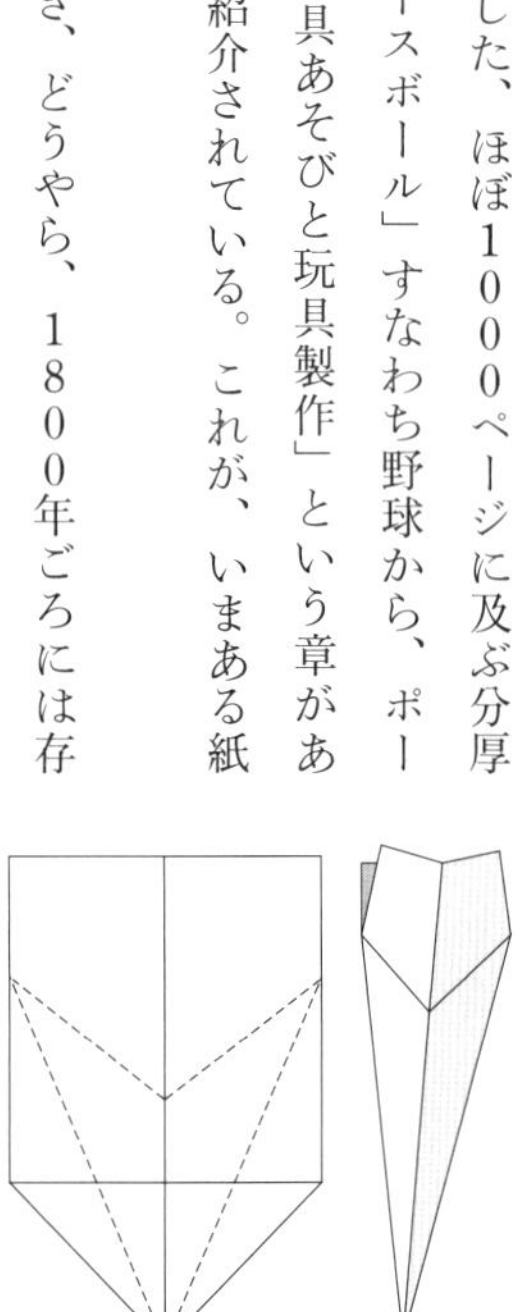

図1　*Cassell's Book of Sports and Pastimes*（1890年）に掲載されている「紙の矢」（写し）

投げるものだったのである。このモデルは、翼を水平にひろげると、揚力がむしろ邪魔になってまっすぐ飛ばないのだ。折り畳んだまま、まさに矢のようなかたちのそれを投げるものなのである。

いっぽう、『キャセール』の「紙の矢」はすこし違う。説明文中に「翼」という言葉や、空中で「優雅な曲線」を描くという記述があり、間違いなく紙飛行機である。紙飛行機がグライダーのような飛行機であるのに比して、『幼稚園便覧』のそれはそうではない。これは、巡航ミサイルと弾道ミサイルの違いともいえる。ナチスドイツの秘密兵器Ｖ１は、翼を持って飛ぶ巡航ミサイルで、Ｖ２は弾道ミサイルであった。弾道ミサイルにも翼があるが、あれは姿勢を安定させるための安定翼であって、揚力を得て飛行するためではない。飛行の原理でいえば、Ｖ１は飛行機でＶ２は矢だ。

Ｖ１からＶ２へというナチスの兵器の発展とは逆に、19世紀末、「紙の矢」が紙飛行機に発展したのではないかというのがわたしの推測だ。それは、ライト兄弟に先立つリリエンタールのグライダーなど、滑空して飛ぶ装置というものが知られ始めた歴史の中でのできごとだったのではないだろうか。

なお、この『キャセール』と同種のものが、日本にあったこともわかっている。『日本児童遊戯集』（大田才次郎、１９０１年）という本に載っている「とんび」がそれだ（図２）。いわく、「製法は長方形なる一方を折り、その折りたる両端を又内側に折り、その先

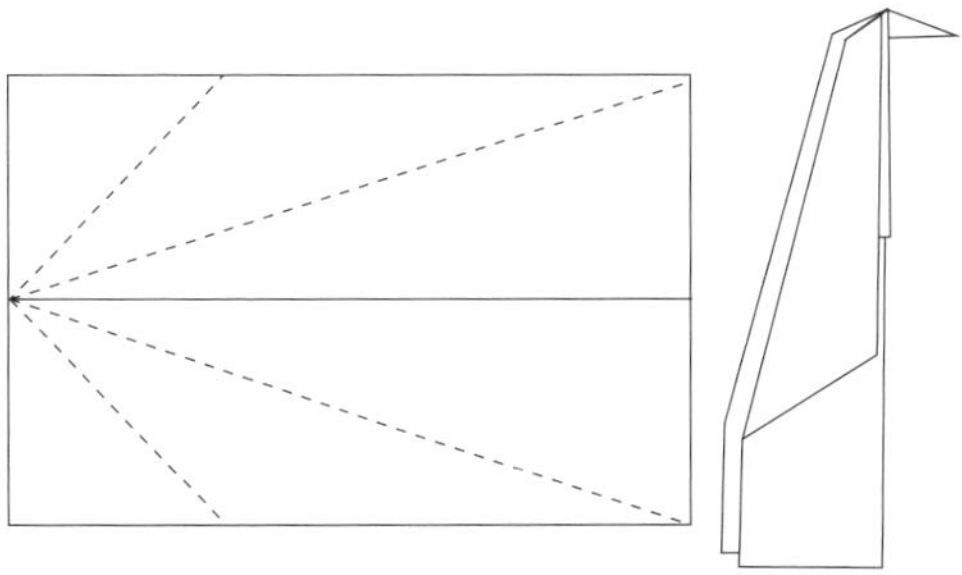

図２　『児童遊戯集』（１９０１年）より、「とんび」（模写）

端を二折して嘴を作り、その折れこまざる方に半折して、再びその脊髄に当たれる所より同じ折り返しをなす。このとんびを高処より投下せば急に落下せず、いと興あり」

これまた文章と図が曖昧なのだが、基本的な構造は「槍飛行機」と同一と思われ、欧米の「紙の矢」が日本に伝わったものである可能性が高い。名前が矢ではなく「とんび」となり、ちいさなくちばしもついているのは、機能よりも意匠に凝った感じがして日本らしい気がしないでもない。

よく飛ぶイカと飛びにくい鶴

前篇「あやとりの話」で、ハリー・スミスという人を紹介した。詩人にして映像作家、はたまたオカルト研究家でフォークソング隆盛のきっかけをつくった多才なる奇人である。彼は、あやとりの蒐集のみならず、紙飛行機の蒐集をしていたことでも知られる。そのコレクションは、彼の没後『ペーパー・エアプレーンズ　ハリー・スミスのコレクション　カタログ・レゾネ I』（ジョン・クラックスマン、アンドリュー・ランパート編、2015年）として、200ページ余の本となって出版された。コレクションといっても、よく飛ぶ紙飛行機のつくりかたを集めたといったものではない。1961年から1983年、ニューヨークの街角で拾った251機の紙飛行機のコレクションなのである。

『ペーパー・エアプレーンズ』には、ちぎり取られたノートの切れ端、便箋、広告チラシ、伝票などでつくられた紙飛行機の数々が、精彩な写真（ジェイソン・フルフォード撮影）によって並ぶ。巻末にはニュー・ヨークのどこで拾ったのかが示された地図も掲載されている。奇妙な一冊だが、見ていて不思議と飽きない。それは、ひとつひとつの紙飛行機に人の気配が残っているからだろう。きちんと折られたものより雑に折られたもののほうが多く、何の気なしにつくられて、どこかの窓から飛ばされ地に落ちたものなのだろう。靴跡かタイヤ痕のようなものがついたものもある。それらは人知れず消えてゆくものであったはずだ。それがスミスが拾ったことによって残っている。わたしはこの本から、次の短歌も連想した。

紙ヒコーキが日に日に紙に戻りゆく乾ける落葉だまりの上に　　花山多佳子

誰かが飛ばし、茂みに落ちた紙飛行機。一日一日と朽ちてゆくそれが気になりながら、歌人は、毎日それを目の端で見ているだけである。とるにたらないが無視することができないものとして、それはある。

スミスのコレクションの紙飛行機には槍飛行機が多い。そして、イカ飛行機（図3）はない。たしかなところはわからないが、これを見て、イカ飛行機は日本で発明されたものである可能性が高いと、あらためて感じた。一般に作者不詳の伝承折り紙がいつどこで生

図3　イカ飛行機（伝承）

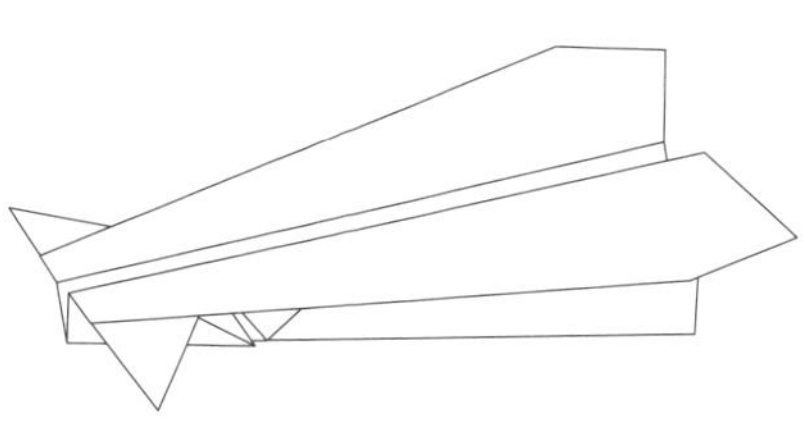

まれたのかはわからないが、調査が不可能なわけではなく、折り紙の歴史研究の重要なテーマになる。なお、イカの中には空を飛ぶイカがいるので、イカ飛行機は写実だともいえる。イカが飛ぶ?と思った人もいるだろうが、トビイカというイカは、漏斗から水を噴出し、いわばロケットエンジンによって水面を離れ、ヒレと脚を広げ50メートル余の距離を飛ぶ。その姿はまさに巡航ミサイルのようだ。彼らが飛んでいる写真を初めて見たのは30年ぐらい前だが、幻想的で、まさにイカ飛行機だ!と感嘆した。古くから漁師などには知られていたのであろうが、広く知られるようになったのは最近のことだ。この空飛ぶイカからヒントを得てイカ飛行機がつくられたのではないか、それは飛行機よりはるかに古い造形なのだ、となれば面白いのだが、それは空想が過ぎるだろう。

前掲の短歌のように、紙飛行機というのは、詩情をかきたてる言葉のようで、ほかにも、短詩や歌の歌詞に登場することは多い。大空を目指しながらすぐに落下してしまうこわれやすい自由の象徴としても使われ、手紙を飛ばすことという意味で、エアメールのアイコンとしてもよく用いられている。

短詩においてはその表記が「紙ヒコーキ」と、長音符を用いたカタカナ表記になっている場合も多い。花山の歌もその例で、これは、漢字の飛行機では重すぎるからだろう。そうしたはかない自由の象徴としての紙飛行機も悪くはないのだが、詩に出てくる紙飛行機では、樋口由紀子の川柳と服部真里子の歌が好きだ。

途中から美しくなる紙飛行機　　樋口由紀子

この句は、紙飛行機の滑空の軌跡を描いたものだろう。予測しにくい複雑な力学、それゆえの美しさである。実際、紙飛行機の軌跡というのは予測しにくい。韓国での折り紙愛好家の集まりで、的（穴）をめがけて紙飛行機を当てるゲームに参加したことがある。自分の知っている最も優雅に滑空する紙飛行機を折って参戦したのだが、結果はかんばしくなかった。紙飛行機は、よく飛ぶほどそれをうまく操るのは難しい。このゲームには、前述の「紙の矢」のようなもののほうが向いていたのだ。

ただやはり、紙飛行機の美しさは、それが空気を捉えてふわりと飛ぶところにある。そして、初期条件のわずかな違いによって軌跡の妙が生じる。よくできた紙飛行機には風を捉える瞬間のようなものがある。それは、投げ出されたことによる慣性による単純な運動が、飛行に変わる瞬間だ。この句が表す美しさは、そうした物理現象の美しさであろう。

いっぽう、次の歌はより空想的だ。

白木蓮《はくれん》に紙飛行機のたましいがゆっくり帰ってくる夕まぐれ　　服部真里子

ハクモクレンの花は、紙のように白く薄い。そして、ずっと花の開花の経緯を見つめているのはまれなので、ある日突然に花が開いたことに気づくことが多い。その突然さが、来訪のようにも、なにかが帰ってきたようにも思えるという感覚はよくわかる。歌人はそこに、あの日どこかに飛んでいってしまった紙飛行機の帰還を見たのだろう。ハリー・スミスが拾った紙飛行機は物として残った。いっぽう、飛び去り朽ち果てた紙飛行機は白い花として戻ってきた。その帰還もまた紙飛行機の軌跡である。

なお、折り紙の世界では、紙飛行機は独自の分野となっていて、中村榮志を先駆者にして、近年では、戸田拓夫やアメリカのジョン・M・コリンズなどの優れた設計者が、滑空距離や滞空時間において驚くべき記録をつくっている。コリンズの記録は、屋内無風で距離70メートル弱、戸田の記録は、やはり屋内無風で対空時間30秒弱である。

折鶴を飛ばすというのも、折り紙における飛行研究のひとつだ。1970年代の歌謡曲『折鶴』（安井かずみ作詞）に、折鶴を飛ばすという意味の歌詞があるが、実際に通常の折鶴を飛ばそうとしても、揚力の中心が重心より前にあるために、後方に回転してうまく飛ばない（図4）。これを解決するためには、前方を重くしたり翼を後退翼にするなどの工夫が必要になる。

これに関しては伏見康治による試行錯誤（『折り紙の幾何学』1979年）が興味深い。かくして、紙飛行機は数々の航跡を残し、わたしたちを魅了する。

図4　折鶴は飛ばないが、飛ばすようにすることは可能である。一例を示す。

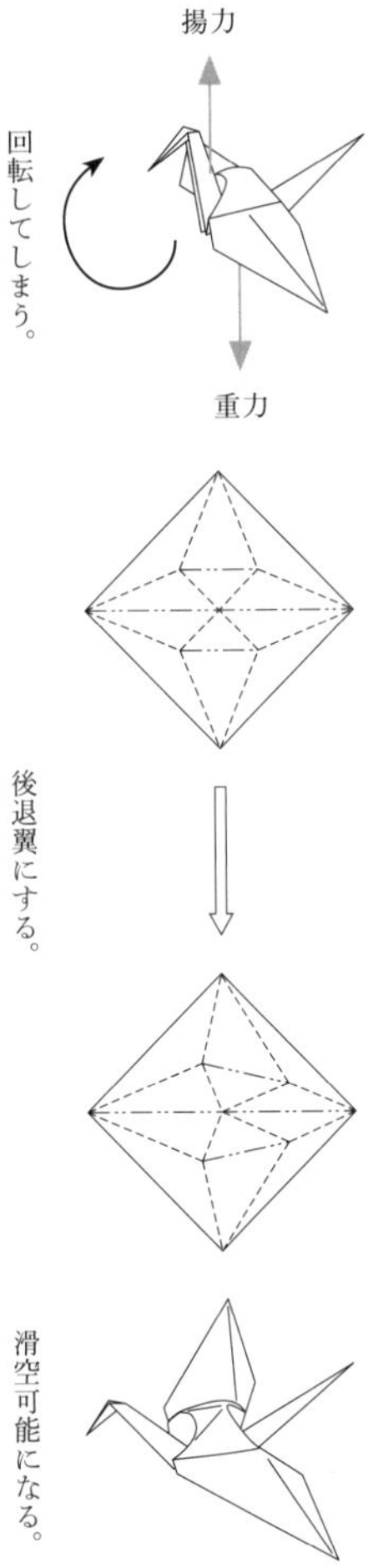

無限の御幣

堀辰雄と数学者

何年か前、大学で数学を学ぶ学生に向けた『数学ガイダンス』（雑誌『数学セミナー』別冊）という一冊に、短いエッセイを寄せた。数学趣味と数学の専門家の間にある断層に関して、数学につまずいたわたし自身の思いも含めて記した内容だった。そこでは、ポール・ヴァレリーの「私は数学の専門家ではなく一人の崇拝者にすぎない。学問の中での最たるこの美女にほれこんだ失意の男だ」（『数学名言集』H・A・ヴィルチェンコ編、松野武、山崎昇訳）というやや苦い言葉を引用した。わたしも数学者ではない。そしてヴァレリーからの連想で、彼の詩句に「風立ちぬ、いざ生きめやも」という名訳を与えた堀辰雄もまた、少年時代に数学者を志していたことにも触れた。

わたしも辰雄と同様（?）に、数理パズル的なもの、身の廻りにある不思議を解明する科学に惹かれる科学少年だった。やや長じては、芸術、なかでも文芸と美術に憧れた。年を経て、どっちつかずになったというのが自己像だが、数学と芸術のはざまにある「折り紙」がわたしの専門のひとつになったので、そこに居場所を見つけ、幸運な最適化がなされたともいえる。論理的な抽象化よりも、目の前にある具体的な図形の調和を愛でるという方向に向かうわたしの嗜好、あるいは数学的な構築性の不徹底は、近現代の数学よりも、百年前に滅びた和算に近いと思うこともある。ここでいう和算的な数学と現代数学の違いを把握するには、数学者吉田耕作の名言を持ち出すのがよいだろう。いわく「あなたの話は具体的でわかりにくい。もっと抽象的に話してください」

科学や数学と、美術や文芸の違いは、前者が一般化によって普遍性を目指し、後者が個別の中に価値を見いだすことだとして、そう的を外してはいないはずだ。特殊な現象や特異なことは、科学や数学においても重要だが、ここで個別という言葉に込めているのは、それとはすこし違うものだ。特殊とも特異とも言いがたいのに、どうしても惹かれてしまうようなこと。わたしの場合、そうした感覚が、特定の図形や数にも生じることがある。個別の図形や数を愛でる感覚で、それはわたしにとってきわめて具体的なことなのである。

このエッセイ集は、そのような図形や数好きとして、そして、美術・文芸好きのつぶやきとして、さらには、歴史上最も古い数理科学の末裔である天文学の一端にたずさわってきたエンジニアとして、頭の中に浮かんだあれこれを書き留めたものである。

などという自分語り的な話はこのぐらいにして、冒頭の堀辰雄の話の続きに戻る。堀辰雄が数学者を志していたというエピソードはどこかで読んだ記憶があったものの、その典拠となる記述の在り処はぼんやりしていて、関連する資料をしばらく探していた。

まず、『幼年時代』という自伝的エッセイの中に、彼が小学生のころに算術が得意だったという話があった。その文章には、図工が苦手だともあり「折り紙なんぞはいくらやっても出来そうもない」とも記されていた。これには折り紙の専門家として苦笑したが、辰雄は、数学は得意だったものの、手先は器用とは言い難く、幾何問題の補助線の妙といったものに惹かれることもなかったようだ。辰雄といえば、宮崎駿監督の映画『風たちぬ』の主人公は、辰雄と航空工学者の堀越二郎を足して割った人物だが、劇中、鯖の骨のカーブに見とれ「きれいな図を描く」と称賛される二郎は、辰雄より二郎に寄った人物として描かれていた。あるいは、辰雄の小説『菜穂子』の登場人物のモデルともされる立原道造の面影も強いキャラクターであった。24歳で早逝した立原は、辰雄に師事し、建築家としても詩人としても将来を嘱望された青年だった。

いっぽう、辰雄が数学者を志したという話に根拠がなかったかというと、そんなことはない。『文藝』1957年2月臨時増刊号「堀辰雄読本」掲載の「堀君と数学」（吉田洋一）に、以下の記述があるのを見つけた。

「この最後の会見のとき（辰雄が結核で没した前年の1952年）、何かの話のついでに、堀君が高等学校へ入るとき、どうして理科を志望したのかをたずねたことをおぼえている。そのときの答えによると『数学を専攻するつもりでした。中学時代には数学が学校中で一番よくできたんです。それが四年生から高等学校にはいったので三角法や立体幾何をよく知らなかったため、だんだんわからなくなってしまったんです』というようなことであった。このとき、わたしは『数学のどういうところに興味をもったか』を詳しくきいてみたかったのだが、病人にあまりこみいった話をさせるのもどうかと思ってさしひかえてしまった」

著者の吉田洋一は、第一高等学校時代の辰雄の恩師であり、その後も交流のあった数学者だ。というより、読書人には、岩波新書の古典的名著『零の発見』や、１９５４年に第一回日本エッセイスト・クラブ賞を受けた『数学の影絵』で知られた人だろう。吉田は、右の文章に続いて、次のように書いている。

「こんなことをいったからといって、何も堀君の作品と数学の間に糸をむすべるだろう、などといっているのではないことを最後にことわっておきたい。ちかごろ、俳句を論ずるのにカントルの集合論をふりかざしたりする人などがいるが、わたしはこういう傾向を苦々しいことと思っている一人なのである」

筆も立ち、自ら句作も行った吉田だが、これは数学者ならではの言葉だ。吉田のこの苦言にある「カントルの集合論をふりかざしたりする人」が、具体的に誰でどのような言辞を述べていたものかは不明で、それを探し出してことさらになにか言おうとも思わないが、わたしはこの記述から、以前読んだ、数学と俳句がでてくる小説を連想した。横光利一の遺作『微笑』(1948年)である。そして、『微笑』を読み返して、彼の『旅愁』にも数学の話がでてくるということを知った。これもひもといてみたら、そこからちょっとした発見があった、というのが以下の話である。

横光利一と御幣

横光の『微笑』という短編は、海軍で秘密研究をする数学の天才青年と、中年の作家が俳句を通じて交流する話だ。アルキメデスがシラクサ戦役で活躍した話や、天才青年が船体構造の計算の誤りを訂正する話などもでてきて、映画にもなった近年のマンガ『アルキメデスの大戦』(三田紀房)の元ネタのひとつではないかと思えるものである。その『微笑』の中に、「あなたの書かれた旅愁というの、四度読みましたが、あそこに出て来る数学のことは面白かったなア」という台詞があった。

さて。わたしも吉田同様に俳句と数学を無理に結びつけることには懐疑的である。俳句や短歌といった短詩は好きなのだが、その理由のひとつは、感情や思惟に素早く寄り添わせることのできる短い言葉だからであって、寸鉄詩か箴言、つまり、気の利いた言葉としてそれを読む。あるいは音楽としてそれを聴く。その意味でも「佳句に接すると、心のおくに秘めた扉のひとつをほとほとと敲かれる思いがするとでもいおうか。これに比べると、小説や詩を読んで受ける感動はなにかしら暑苦しい」（吉田『俳句と私』）という言葉には共感する。

ただ、吉田は認めなかったかもしれないが、短詩には、幾何学的というかパズル的な側面があるために、数学好みの傾向と似るということがあるのではないか、と思わなくもない。あるいは、簡潔を旨とすることと、それゆえの神秘性という点で、数学と短詩は通底するのではないか、と。

まず、俳句と数学というと、順列組み合わせのことが話題になるのは常だが、これに関しては、寺田寅彦が「十七字のパーミュテーション〔順列〕、コンビネーションが有限であるから俳句の数に限りがあるというようなことを言う人もあるが、それはたぶん数学というものを習いそこねたかと思われるような人たちの唱える俗説である」（『俳句の精神』）と述べているとおりで、いかな17文字であっても、順列組み合わせの膨大さを見逃している過ちである。それでも、短詩、とりわけ俳句の言葉の選択には、単純化による幾何学的な配置のごときものがあるという感覚は抜きがたく残る。シャルル・ボードレールが、ソネットに関して「ピュタゴラス的」という言葉を使って次のように述べたのもそんな意味だと考えられる。

「〈十四行詩〉（ソネ）というものをそんなに軽々しくあつかい、そのピュタゴラス的な美を見ようとしない馬鹿者とは、いったい誰なのでしょう？（……）形式が束縛するからこそ、観念はいっそう強度のものとなって迸り出るのです。〈十四行詩〉（ソネ）にはすべてがうまく合うのです。滑稽調でも、恋慕調でも、熱情でも、夢想でも、哲学的思索でも、そこには、みごとに細工された金属、鉱物の美があります。（……）長い詩というものについて、どう考えるべきかわれわれは知っています。これは、短い詩をつくる能力のない人々の手だてです」（アルマン・フレース宛て書簡1860年2月18日、『ボードレール全集Ⅵ　阿部良雄訳）

以上のようなことを考えていたので、数学に関する話もでてくるという、そして作句にも熱心だった横光の『旅愁』を期待して読んだ。ある種の荒唐無稽な理論も期待していた。たしかにそこには、数学だけではなく、俳句の話もでてきた。しかしそれは、わたしの勝手な期待に沿うものではなかった。まず、高浜虚子がモデルだという俳人がでてくるのだが、彼にはそれほど奇抜な物言いはなく、韜晦的な言辞が多い。ヒロインのひとつ違いの兄が数学の学徒なので、数学も話題になる。しかし、数学や俳句の話題は、登場人物のとりとめのない会話の中ということもあって、どうにも要領を得ない。変な言いかただが、空理空論としての焦点も結ばない。どこに進むのかわからない会話を読むのは妙にやめられなくなるのだが、その内容は、手のひらにすくった砂のようにこぼれ落ちてしまう。

横光自身、ヴァレリーに強く惹かれていた人なので、かの人のように数学に憧れていたところもあったのかもしれず、また、作中に零の発見に関する言及があるように、それこそ、１９３９年に刊行された吉田の『零の発見』も読んでいたに違いないが、なんとなく数学の話題もいれてみましたという感を免れない。ただ、数学と俳句を結びつける言葉はあった。次の台詞である。

「芭蕉の思想なんて、なかなかどうして、あれは孔子以上だぜ。静寂でいてそのくせ千変万化するところは、どこかベルグソンにも似ているし、御幣にも通じるし」

数学なんてでてこないじゃないかと思われるかもしれないが、ここに記された「御幣」が数学の話題なのである。これは、「幣帛という一枚の白紙は、幾ら切つていつても無限に切れて下へ下へと降りてゆく幾何学ですよ」という御幣の切りかたに関する話につながる台詞なのだ。以下、この御幣の話に絞る。

「幣帛を、宇宙の形と信じた太古の日本人」とか「日本の御幣だつて、何んらかの数学上の最高地点と一致してくれたつて、良かろうじゃありませんか」とか、前述のベルグソン云々といった言葉には、正直深入りしたくない。登場人物ですら、これらの話に眉に唾をつけて聞いていて、作者による戯画的なスノッブの表現ともとれる。

そうしたおしゃべりよりもわたしが注目したいのは、無限に切る御幣のかたちそれ自体である。紙の造形に興味のある者として、御幣にも興味を持っているのだが、伝統的な紙《し》

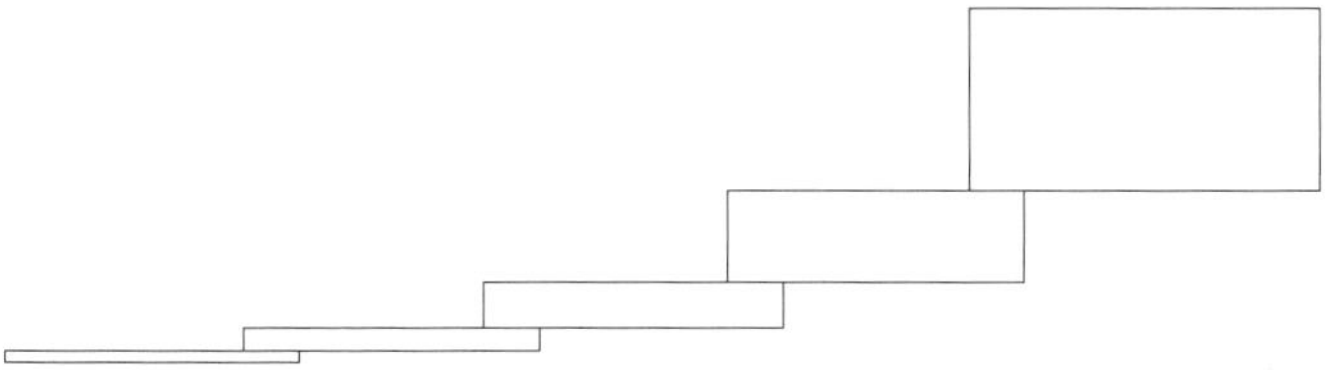

図１　夢幻（無限）の御幣（安野光雅『集合』からの写し）

垂《で》に無限の構造になるものがあるという話は聞いたことがなく、見たこともなかった。一般的な紙垂のジグザグはせいぜい4回で、しかも合同なかたちの繰り返しである。しかし、無限に切ってゆく御幣という話にはぴんとくるものがあった『集合――美しい数学』(安野光雅著、野崎昭弘監修、1974年)に出てくる「夢幻《ママ》の御幣」である。

一枚の紙の一辺を二等分する切り込みを、紙が分割しないところまでいれ、それを折り返す。切った辺の2分の1(元の4分の1)にさらに切り込みをいれてこれを折り返す。これは理論上どこまでも続けることができる、無限の御幣である(図1)。わたしはこれを『数学的センス』(野崎昭弘)という本で知り、安野画伯の発明だと思っていた。これは『旅愁』からヒントを得たものなのかもしれない、と気づいたのだ。あるいは、さらに元となる話があったのか、と。

ただ、わたしは、この無限に伸びる御幣を知ったさい、それを面白いと思いつつも、連なるかたちが相似形でないことが造形的に満足できなかった。長さが無限に発散することも、それはそれで象徴的と言えなくもないが、これまた造形的には不満だった。そこで図2のようなものを考えたことがあった。しかしそれは、一枚の紙から切り落とす部分があって優雅さに欠けていた。

今回、『旅愁』に触発されて、それをあらためて考えてみた。そして、A4用紙のような1対$\sqrt{2}$の比率の紙(伝統的な日本の紙の多くもほぼこの比率である)を図3のように切っ

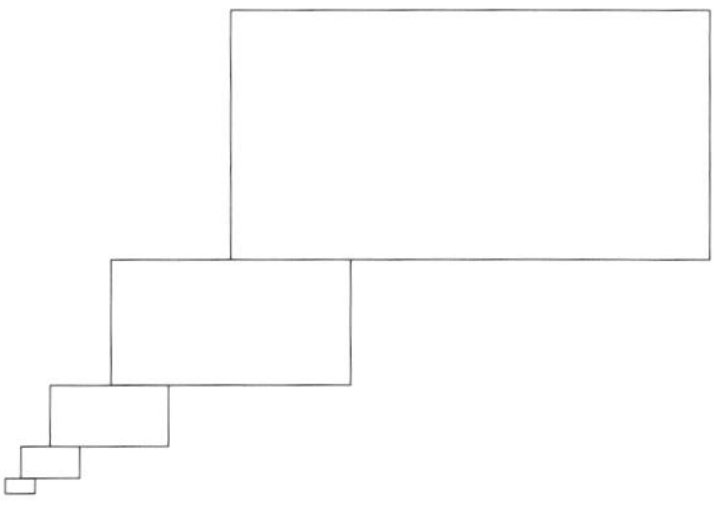

図2 相似形で縮小する無限の御幣、その1

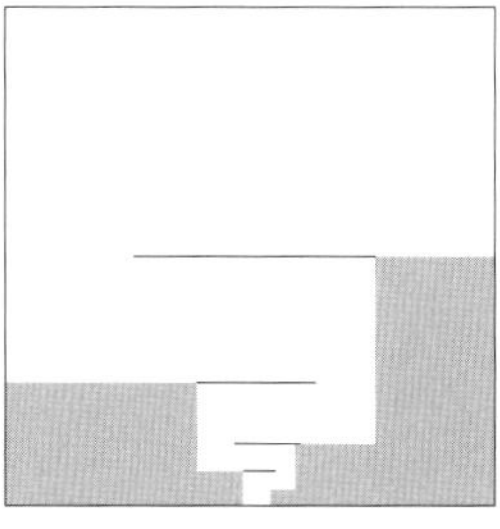

て折ることで、面積が2分の1に小さくなりながら、長方形（示した図の切り込みの長さの場合は正方形）が無限に連なる紙垂をつくることができた。ややこしく見えるが、法則がわかれば単純な構造だ。これは、図2のものと同様に、無限の繰り返しの収束点が有限の範囲内にあるので、一瞥で無限を見ることもできるかたちとなっている。

無駄がなく、伝統的な造形になぜ採用されなかったのかとも思うのだが、御幣のかたちに無限の観念などそもそもなかったというのが真相と思われる。

無限の御幣は面白い造形というだけで十分だ。面白いを抜けて、美しいという言葉を使ってもよいかもしれないが、それを世界観がどうの、民族の歴史がどうのという話に結びつけると、一気にうさんくささが増してゆく。横光自身が登場人物のひとりに語らせているように、それはまさに御幣を担ぐ（迷信を信じる）行為というものだ。そういう話は「俳句を論ずるのにカントルの集合論をふりかざしたりする人」として退けておいたほうが安全なのである。

図3　相似形で縮小する無限の御幣、その2

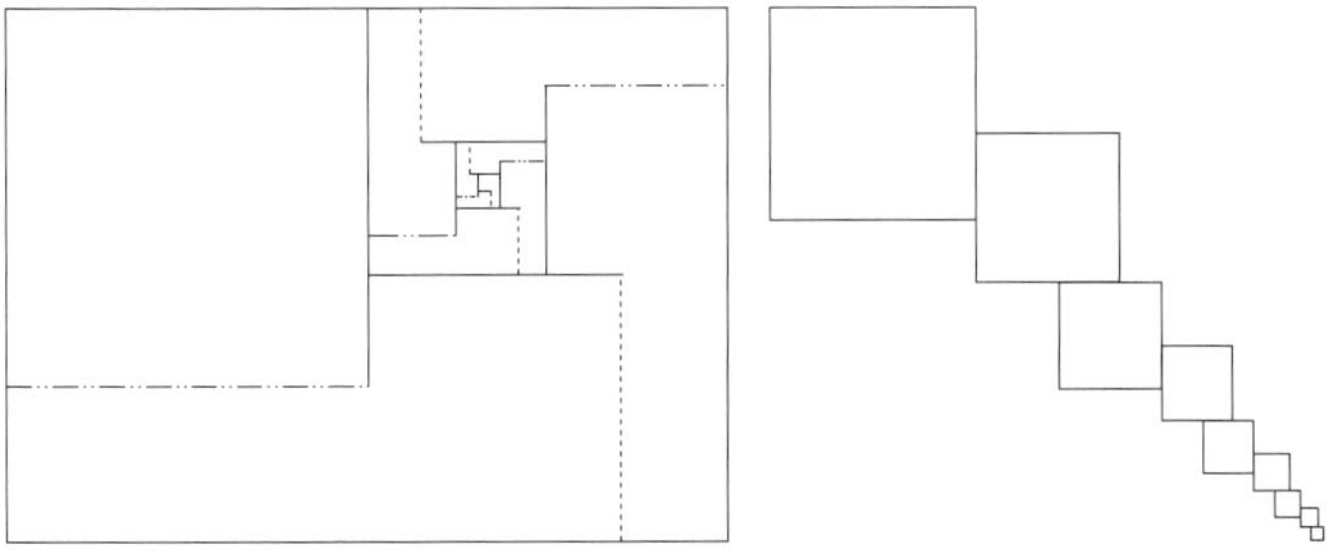

字余りの歌と長方形の中の円

字余りの歌

歌人穂村弘のエッセイ『蚊がいる』に「君が代の歌詞は五七五七七であり」とあったので、指を折って数えてみたのだが、五七五七七ではなく、五七六七七の字余りだった。何度も数えているうちに、歌詞が正しいのかわからなくなってくるという、一種のゲシュタルト崩壊のような感覚も生じたが、やはり五七六七七だった。この歌の元とされる歌は次である。

わが君は千代に八千代にさざれ石の巌《いはほ》となりて苔のむすまで

よみびと知らず『古今和歌集』

三句が六音で字余りである。五音にするために「さざれ石の」の「の」を取ると、ここで切れて、三句（腰句）と四句のつながりが悪い、いわゆる腰折れ歌になるので、六音目の「の」は外せないのだろう。

字余りということで、この歌が数ある古典の歌の中で特異的に例外なのかというと、必ずしもそうというわけでもない。たとえば『小倉百人一首』の歌にも字余りの歌がある。右の歌と同様に腰句が六音である例を次に示す。

わが袖は潮干《しほひ》に見えぬ沖の石の人こそ知らぬ乾く間もなし　二条院讃岐

この歌も、腰句の一音を取ると腰句と四句が大きく切れてしまうので「おきのいしの」の「の」は省けないのだろう。そして、ここで興味深いのは、字余りのある句には単独母音（あ－お）が含まれているという「法則」があるということだ。この歌の場合、「いしの」の「い」である。「おきの」の「お」もそうだが、後述するように、句の先頭はまた特別である。

この法則は、あまり知られていないが、本居宣長が『字音仮字用格《じおんかなづかひ》』（1776年）で示したものだ。なお、宣長は「え」を含めていない。わたしはこの法則を知ったとき、ほんとうか？と疑念を持った。そこで『小倉百人一首』を例にとって、検証してみた。

『小倉百人一首』の約3100文字では、単独母音の出現頻度は0・06であった（ここでは「え」も含めた)。47文字分の5文字よりやや低い値である。この0・06で、句の中に単独母音が少なくともひとつ現れる確率を計算する。これは、すべてが単独母音以外であることとの対偶なので、1から0・06引いた0・94を5乗もしくは7乗した値を1から引いた値になる。五音で0・27、七音で0・35、約3割である。

それらの句にさらに一音加えた場合に字余りとなるので、字余りがランダムに起こるとした場合でも、約3割は宣長の法則に当てはまることになる。この値は低くはない。宣長の法則には例外もあるだろうし、偶然の可能性もあるのではないかと考えた。しかし、調べてみると、『小倉百人一首』において三十三首、三十五句(複数の句が該当する歌がある)の字余りがあり、そこには、法則の例外はひとつもなかったのであった。宣長のいう「古今集ヨリ金葉詞花集ナドマデハ此格〔法則〕ニハツレタル歌ハ見エズ」は、誇張ではなかった。

数が少なく例外もあるのなら、偶然の可能性もあがるが、そうではないのだ。そもそも字余り歌がけっこう多いのも意外だった。法則に沿った字余りが偶然である確率を上記の見積もりから0・3として、35例すべてが偶然でも起きえた確率は、0・000…と、ゼロが何桁も続くほど小さい。『小倉百人一首』では、藤原定家がそうした歌のみを選んだという可能性もなくはないが、ここは宣長を信用しよう。母集団はもっと大きい。しかも、「え」を含めず、句の先頭や最後の文字を対象にしないとなると、偶然の確率はさらに下がる。この法則は間違いがない。

宣長は「是ハ予ガ初テ考へ出セルトコロ」と自慢しているが、自慢するだけのことはある。かつてはよく知られていた、あるいは意識せずとも守られていた決まりが忘れられ、宣長によって再発見されたということなのだろう。この法則は学校教育の古文等で聞いた記憶はなく、わたしはこれを、正岡子規の『字余りの和歌俳句』で知った。宣長を参照したものと思われ、知る人ぞ知ることではあったのだろう。ただ、子規の文章の主意は、ときに規則を破ることもよいということで、彼の興味の中心は、文芸表現としての歌にあって、言語学的、音韻論的な検討はない。この法則をより理論的に説明した考察もあるのだろうが、残念ながらそうした論文は読んではいない。

というわけで専門外で浅学もよいところなのだが、話を続けさせてもらう。次に当然気になるのは、前述の法則の逆は成り立っているのかということである。つまり、単独母音のある句は必ず字余りになるのか、ということである。これは、想像がつくように、成り立っていない。たとえば、以下のふたつの歌には、同じ「ありあけ」があるが、前者は字余りなしで、後者は字余りである。

ほととぎす鳴きつる方を眺むればただ有明の月ぞ残れる　　後徳大寺実定

朝ぼらけ有明の月とみるまでに吉野の里にふれる白雪　　坂上是則

宣長の法則は、音便化や無声化など、さらに細かい条件に整理可能なのだろう。たとえば、すでに言及したが、句の先頭や最後が対象でないことは間違いなさそうだ。宣長の「中《なから》ニ右ノあいうおノ音アル句ニ限レル」という記述の「中」の意味も、句の先頭と最後を除外しているとも読める。句の頭や最後の音は、詠唱時に省略しにくいことに関係するのかもしれない。

知識のないまま、音韻論的という言葉を使ってみたが、それに類する「自然なリズム」に関することは、宣長自身も述べている。言葉の中にある単独母音が、「海→ミ」「浦→ラ」などとされることがある例も引いて、この法則を「耳ニタヽザルハ自然ノ妙」のゆえとしているのである。耳にひっかからないのでよいといった意味だ。詠ずるときにほぼ省略される音もあるというのはありそうな話だ。わたしにとってわかりやすい例は、たとえば、「田子の浦」である。

田子の浦にうち出《いで》てみれば白妙の富士の高嶺に雪はふりつつ

あるいは、

田子の浦ゆうち出てみれば真白にそ富士の高嶺に雪はふりける　　山部赤人

頭句（一句）と胸句（二句）が字余りである。有名な歌だが、この歌のリズムにひっかかりを感じていた人は多いのではないだろうか。それが、「たごのぅらゆ　うちぃでてみれば」、もっと言えば、「たごのらゆ　うちでてみれば」と詠じられたのではないかと想像すると、なんとなく納得できる。実際、歌留多の百人一首では「うちでてみれば」と読んでいたようにも記憶している。

いっぽう、前述の「ありあけのつき」は、よりややこしい。これは、たしかに形式的には宣長の法則に則しているが、「ありあけ」が「ありぁけ」となり「ありゃけ」「あらけ」と音便化することは考えにくい。「ありあけ」の意味的な語幹は「あけ」なので省略しにくそうだ。それでも、坂上是則の字余りの歌は、不思議とリズムの狂いのようなものは感じられない。

さて、最初に戻って、「わが君は」である。これは、「ハツレタル歌は見エズ」の『古今和歌集』に採られている歌である。字余りの腰句「さざれいしの」には、法則どおりに「い」の音が含まれている。「耳ニタヽザル」にあてはめると、腰句を詠するときは、「さざれぃしの」と、「い」音を控えめに発声するのがよいのだろう。

これには、傍証というか、そもそも「さざれ石」は「さざれいし」と読まれていなかったのではないか、という例がある。これを見つけたときはかなり興奮した。見つけたと言っても、有名な例だとは思うのだが、「苔のむすまで」の歌に関係する話がタブー化して言挙げがあまり表にでてこないからか、わたしの無知ゆえの驚きか、大発見をした気分になった。ともあれ、次の歌は、万葉仮名で書かれているので、音の特定がしやすい。

信濃《しなの》奈《な》流《る》知《ち》具《く》麻《ま》能《の》河《か》泊《は》能《の》左《さ》射《ざ》礼《れ》思《し》母《も》伎《き》弥《み》之《し》布《ふ》美《み》弓《て》婆《ば》多《た》麻《ま》等《と》比《ひ》呂《ろ》波《は》牟《む》

（信濃なる千曲の川のさざれ石も君し踏みてば玉と拾はむ　よみびと知らず『万葉集』）

万葉仮名は、右の「信（しな）」のように一字二音の場合もあるので、「左射礼思母」の「礼」を「レイ」と読む可能性もまったくないとは言えないのかもしれないが、「信濃」は国名という特別なものであり、「礼」はやはり「レ」のようで、これは「さざれしも」として、まず間違いない。「さざれいし」ではなく、「さざれし」なのである。

ここで、古い和歌を歌詞にして、近代に曲をつけた『君が代』という楽曲を見てみる。これは、朝廷の楽人であった林廣守《はやしひろもり》が明治になって作曲したもので、現代では西洋式の四分の四拍子の楽譜になっている。「いしの」の「い」は、第六小節の先頭である。通常、西洋式の楽曲では、小節の先頭は強拍で、実際、この曲もそのように歌われている。つまり、本来はないかもしれない音が強拍となっている。明治になってできたこの楽曲の歌われかたは、西洋式の音楽の浸透によって、和歌の詠じかた、さらには、林廣守その人の作曲の意図にたいしても、乖離が生じている可能性が高い。

最近は、スポーツイベント等で朗々と歌う歌手が多いが、政治信条的なものは措いても、字余り問題を意識してからのわたしは、「いしのー」で違和感がいっぱいになって、違う違うと言いたくなる。皮肉な、あるいは、ウルトラ・ナショナリスト的な言いかたをすれば、あの楽曲は、宣長のいう「漢心《からごころ》」で「大和心」に反しているのではないか。ここでの「漢」は中華ではなく西洋だけれど。

長方形の中の円の作図

「あの歌」にたいして由無し言を記したので、「あの旗」についても記そう。日章旗は、その赤から、どうしても、歴史において流れた血を連想してしまうのだが、旗自体のデザインは明快で優れたものだとも思う。しかし、デザイン的に難しいのはその比率である。以下は、その比率に関する考察である。

1999年8月9日に可決、同13日に公布された『国旗及び国歌に関する法律』の「別記第一」によると、日章旗の短辺と長辺、そして日章（円）の直径の比率は、「縦　横の三分の二、日章　縦の五分の三」となっている。ただ、同法の「附則の3」には、「当分の間、別記第一の規定にかかわらず、寸法の割合について縦を横の十分の七とし、かつ、日章の中心の位置について旗の中心から旗竿側に横の長さの百分の一偏した位置とすることができる」とある。法律の条文に「当分の間」という文言があるのも興味深いが、これは、「附則の2」で「廃止する」と書かれた、『郵船商船規則』（明治三年太政官布告第五十七号）を受けての記述である。

日章旗の比率等が初めて明確に公に示された、明治3年（1870年）の『郵船商船規則』の「御國旗之寸法」には、大中小の旗の寸法が、円の直径や余白の幅などとともに何尺何寸何分といった値で示されている。細かく見ると、大旗において余白の三尺六寸五分とあるところは三尺六寸四分ではないかという疑問はあるものの、旗の長辺と短辺の比率は0・7で、円の直径は短辺の0・6倍、そして、円の中心が長方形の中心から長辺の100分の1ほどずれていることが明確に記されている。

やや謎めいているのは、円の中心を左右非対称に約100分の1ずらすことだ。そして興味深いのは、0・7という比率である。わたしはこの0・7が、本来は2の平方根の逆数を意味していたのではないかと考えた。この解釈で、円の中心がわずかに偏っていることも説明できるからだ。

円の中心のずれの前に、円の直径を見てみよう。これは、前述のように短辺の5分の3である。この値はいかにも「このぐらい」と決めたように思えるが、長方形の短辺と長辺の比を1対2の平方根だとすれば、明快な作図で近い値を示すことができる。長方形の頂点から角の二等分線を引き、それが長辺と交差する点を結んだときに描かれる中央の縦長の長方形に内接するように円を描くのである。短辺を一辺とするふたつの正方形を描き、その辺が描く中央の長方形に円を内接させると考えてもよい（図1の実線）。このとき、円の直径は、短辺を1として、2から2の平方根を引いた値で0・585…となり、円は長方形の中心にくる。

次は、円の中心のずらしがなぜあるのかということについての推測である。中心をずらした意味を、風ではためいたときに中心がずれて見えることを回避するためなどと説明されているのを見たことがあるが、どうにも眉唾だった。わたしはそれを、2の平方根の逆数0・707…を0・7で近似し、円の直径も短辺の0・6倍としたためのずれなのではないかと考えた。0・7対1の長方形を用い、円の直径を、0・585…ではなく0・6とした上で、前述の作図法と類似の方法で円の位置を決めると、『郵船商船規則』の記述に一致する図を描くことができるのだ（図1の点線）。

『郵船商船規則』の数値を決めた経緯は不明だが、わたしは次のように想像した。作図に、算学の素養のある紋章上《もんしょううわ》絵師《えし》か工匠が関係していて、彼らの美学で、こう描くときれいに間違いなく描けると示した。そこでは2の平方根が使われた。2の平方根すなわち1・414…という値は、本邦において伝統的に使われる比率を示す数値であったため

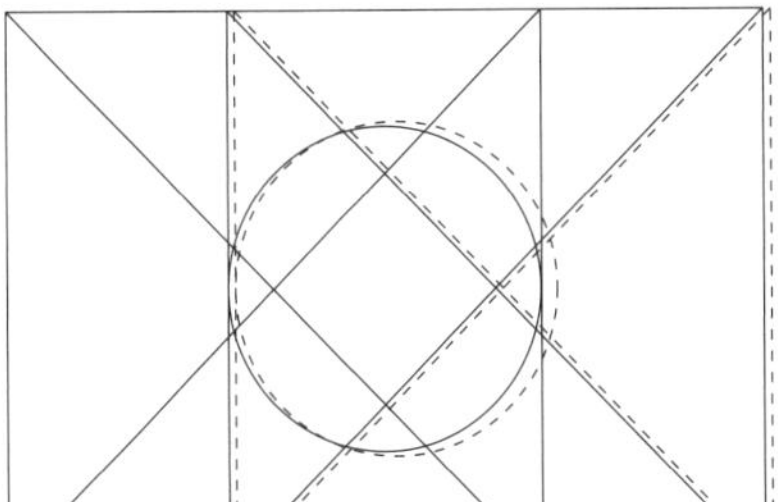

図1　『商船規則』の日章旗（大旗）の比率と、その描画法の推定補助線（点線）。実線は1：√2の長方形と、そこから「自然」に描ける円。

だ。その比率は「大和比」と呼ばれることもある。大和比という呼び名は近年のもので、五七五の七と五の比率もその近似値であるなどの説はこじつけだろうが、この比率が家紋の作図においてよく使われていたのはたしかである。また、大工道具の曲尺《かねじゃく》の裏に角目という表の目盛の約1・41倍の目盛がふられ、それによって作図をする技術があったのも事実で、書籍や紙の縦横比も、近代化以前からこの値に近かった。明治初年ごろの職人がこの比率を用いた描画方法を示したことはじゅうぶんありうる。しかし、その比率を数字になおした役人は、無理数から生じる細かい端数が気にいらなかったのではないか。そして、職人は、0・7と0・6という比率と中心のずらしで妥協させられたのではないか。

以上は空想である。そして、1999年の法律で、長辺と短辺の比は3対2となった。各国の旗の比率としてそれが最も多いので、それに倣ったのだろう。これにより、この旗は、さらに「伝統」から外れたものになったのではないか。伝統や民族の誇りと言っても、そこにゆるぎないものがあるわけでもないのは常のことだ。往々にして伝統なるものは、さほど古くない時代に、さほど深い考えもなく、吟味された根拠もなく適当に決められたものなのである。

千羽鶴の話

千羽鶴の象徴性

さきごろ、広島弁護士会のマークが折鶴と天秤をモチーフとしていることを知った。折鶴の象徴性は多種多様だが、長寿↓健康（病気平癒）↓平和という意味の連関があり、広島弁護士会のマークは、この流れに沿う広島の象徴としての折鶴なのだろう。まず「長寿」は、鶴は千年といわれるように、鶴という鳥自体の象徴性からくるもので、その意味が拡大し、「健康」と「病の平癒」の象徴性が生まれたと考えられる。そして、原爆症で亡くなった少女のエピソードから「平和」の象徴性を持つようになった。

1955年8月、10年目の原爆忌を数日後にひかえ、広島赤十字病院に入院していた人たちに、見舞いの品が届いた。その中に、愛知淑徳高等学校・青少年赤十字団の少女たちによる折鶴があり、紙ではなくセロファンでつくられた5千羽（一説には4千羽）が、糸に通されてきれいにまとめられ輝いていた。入院患者のひとり、2歳で被爆したことに起因する白血病を患う12歳の少女、佐々木禎子は、このきれいな折鶴を見て自分でも千羽の折鶴を折ろうと思いたった。なお、彼女が、亡くなる前に千羽以上折ったのは確実で、彼女自身は千羽という数にもこだわっていなかったようである。彼女の生涯を広く世界に伝えることになった、カール・ブルックナーの『サダコは生きたい』（原著ドイツ語）やエレノア・コアの『サダコと千羽鶴』（原著英語）などにある、千羽折る前に亡くなったという記述は事実ではなく、文学的な効果を狙った創作である。

千羽を超えてからは、禎子の折る折鶴がどんどん小さくなっていったということはあったそうで、平和記念資料館に展示されているものを見ると、一辺2センチメートルぐらいの正方形から折ったものもある。彼女が死の直前まで折鶴を折り続けたのも事実である。父親が「根をつめるとだめだよ」と言うと、「いいから、いいから、考えがあるんだから」と答えたという。そして、１９５５年10月25日、彼女は、折りかけの折鶴を残し、肉親に看取られて静かに息を引き取った。12年と9か月の生涯だった。

禎子の死に最も強いショックを受けたのは、同級生たちだった。友人を喪った悲しみはもちろんのこと、自ら被爆していた子供たちも多く、その死はひとごとではなかった。死ぬのは自分だったのかもしれない。彼らは、原子爆弾の犠牲となった子供たちの慰霊碑をつくりたいという声をあげた。その声は大きな運動となり、全国、全世界から募金が集まり、１９５８年、平和記念公園の一角に「原爆の子の像」が完成した。ワイヤーフレームの折鶴を、両手いっぱいに軽やかに掲げる少女のブロンズ像と、台座に寄り添ってそれを支えるかのような少年少女の像は、彫刻家・菊池一雄の作、カプセル型の台座は、建築家の池辺陽《きよし》の作である。また、中空の台座の内部には、湯川秀樹博士の寄贈による鐘と金属製の折鶴が吊り下げられ、台座の下部にある大理石（以前は、台座後部下にあった銘板）には、禎子の同級生による「これはぼくらの叫びです　これは私たちの祈りです　世界に平和をきずくための」という言葉が刻まれている。

亡くなった人を悼み、あるいは、平和を願って折鶴を折ることは、今日では広く普及していることだが、折鶴が鎮魂と平和の象徴となったのは、このように、ひとりの少女の死以降のことである。

平和公園には全世界から折鶴が寄せられる。これに関して、「千羽鶴の焼却処分に1億円もかかって困っている」という話がまことしやかに語られたことがある。これはデマである。たしかに広島に寄せられる折鶴は多い。年に1千万羽、重さ10トンで、近年急激に増えてもいる。しかし、焼却すれば、1トン当たり数万円で、1年で数十万円という計算になる。2001年以前には、寄せられた千羽鶴は原爆の子の像の近くで雨ざらしになっていて、定期的に焼却をされていたが、いまはそうした「処分」もしていない。2002年にできた像のうしろのケースもすぐに満杯になるが、別の場所に保存し、元が色とりどりの紙であることがわかるような再生紙にするなど、生かす方法をさまざま試行している。送られてくることに困っているという市の表明はまったくないどころか、重要な市の文化的使命のひとつと考えられている。２０１６年には爆心地の近くにおりづるタワーという、折鶴を通じて平和を考える施設も造られた。わたし自身は、定期的に「お焚き上げ」してもよいとも思うのだが、折鶴は、さきの広島弁護士会の例のように、市のシンボルのひとつにもなっているので、生かす方法を考えているのだ。

いずれにせよ、常識で見積もっても、きわめて高度な保存法（紙を非酸性化して永久保存するという見積もりがされたことはあって、それが1億円説の根拠らしい）を想定しない限り、費用がそんなにかかるはずはない。焼却もできず困っているという話を信じる人は、見積もり計算もしていないのだ。その思い込みが生じるのは、もともと否定的な感情があってのことなのだろう。素朴な善意や祈念への揶揄、現実主義者の自意識、教条的な理想論への反発などだ。そして、千羽鶴がじゃまになるという話は、大きな自然災害が起きたときにも、繰り返し語られる。

呪物、つまり、祈りのきっかけとなる事物といったものは珍しくない。そうしたものの中で千羽鶴は、権威との結びつきが薄いものだ。いわんや、それが平和祈念の意味を持つようになっていったのは、ひとりの少女の祈りと、彼女の死が他人ごとではなかった級友の思いという明確な由来を持っている。折鶴は、そうした祈りのためのメディアだ。折鶴による祈念が、宗教等を超えて国際的に広まっているのにはそれなりの理由がある。

平和祈念の千羽鶴と、被災地への千羽鶴はまたすこし違う面もある。緊急時には送るのをやめたほうがよいのもたしかだろう。そして、受けたほうは、日が過ぎれば燃やしてもよいとも思う。折鶴は、物として「重たくない」ことにも特徴がある。

手を動かすことに結びついた祈りは、禎子自身がそうであったように、折る本人にとって最も重要である。希望は、そうしたなにげないこと、日常から生まれることがある。それが、他人への善意というかたちになったとき、押しつけになるということは往々にしてあるが、善意を冷笑するような物言いは、単に殺伐としている。ましてそれが傍観者のそれであった場合はなおさらだ。

善意を示すことがエゴイズムのように感じられる世の中は、つまり、悪意に充ちているということなのではないか……というのは、治安維持法で逮捕され、戦後に獄中死した三木清の「幸福を語ることがすでに何か不道徳なことであるかのやうに感じられる今の世の中は不幸に充ちてゐるのではあるまいか」（『人生論ノート』）の変奏だが、実際いまはそんな世の中なのかもしれない。

以上のように、平和祈念と広島、長崎の象徴として折鶴は、佐々木禎子に由来するものだが、そこから派生した物語が、今日一般的な「千羽きっかり」を折る千羽鶴という祈願の形式に与えた影響は、少なからずあったと考えられる。

千羽であることと糸で繋ぐこと

千羽鶴の歴史には、いくつかの謎があるが、わたしが気になっている大きなふたつは、千羽きっかりの習慣がいつからかというものと、糸で通してまとめるようになったのはいつからかということだ。ちなみに、禎子も、わたしの知る限り、糸を通してまとめるということをしていない。

一般に「千羽鶴」と言った場合、それは折り紙の千羽鶴を指すとは限らないことは、まず確認しておこう。それは、多くの鶴が群れ飛ぶさまを指し、千という数はただ多数の意味で使われる。寛政9年（1797年）に刊行された、折り紙の歴史において重要な書籍『秘傳千羽鶴折形』（秋里籬島）の千羽鶴の「千」も同様だ。この書籍では、切り込みをいれた一枚の紙からつくる、さまざまなかたちで繋がった折鶴49種の造形が、狂歌とともに紹介されている（図1参照）。ただ、すべて折っても千羽になるわけではない。また、願掛けの意味などもなく、純粋に遊戯・工芸・パズルとしての造形を紹介している。

正確に千という願掛けでは千人針がある。これが千羽鶴に与えた影響は十分考えうる。千人針は、一枚の布に千人の女性が千の縫い玉をつくり、兵士の武運と生還を祈るもので、寺田寅彦の随筆『千人針』（1932年）などにもあるように（彼はこれを案外肯定的に評価している）、日中戦争で急速に広まった習俗である。より古く、日清戦争からあったと言われることもあるが、渡邉一弘の論文『戦時中の弾丸除け信仰に関する民俗学的研究―千人針習俗を中心に―』（2014年）によると、日露戦争以降の習俗のようだ。日露戦争当時は、むしろ迷信として揶揄され、協力を拒む女性もいたともいう。のちの国民精神総動員の時代に、愛国美談と結びついて、組織的に普及が図られたこととは対照的である。そして、太平洋戦争開戦後は、防諜を理由にした街頭活動の自粛や、糸や布の不足で、公の場での制作は見られなくなったということで、これはさらに反転した皮肉な話である。

この千人針の習俗が千羽鶴に影響を与えたという着想は、右の論文でも、民俗学者の千葉徳爾のものとして紹介されている。いわば、平時の千人針としての千羽鶴で、これには一定の説得力がある。

もうひとつのわたしの疑問が、古典の『千羽鶴折形』の切り繋ぎとは異なった、糸でつなぐ千羽鶴がいつからはじまったのかということだ。たとえば、鷗外・森林太郎の妹である小金井喜美子の随筆『鷗外の思い出』の中に、明治10年ごろの想い出

図1　『千羽鶴折形』（寛政9年（1797年））より、「釣ふね」「青海波」「巣籠」「昔男」（写し）

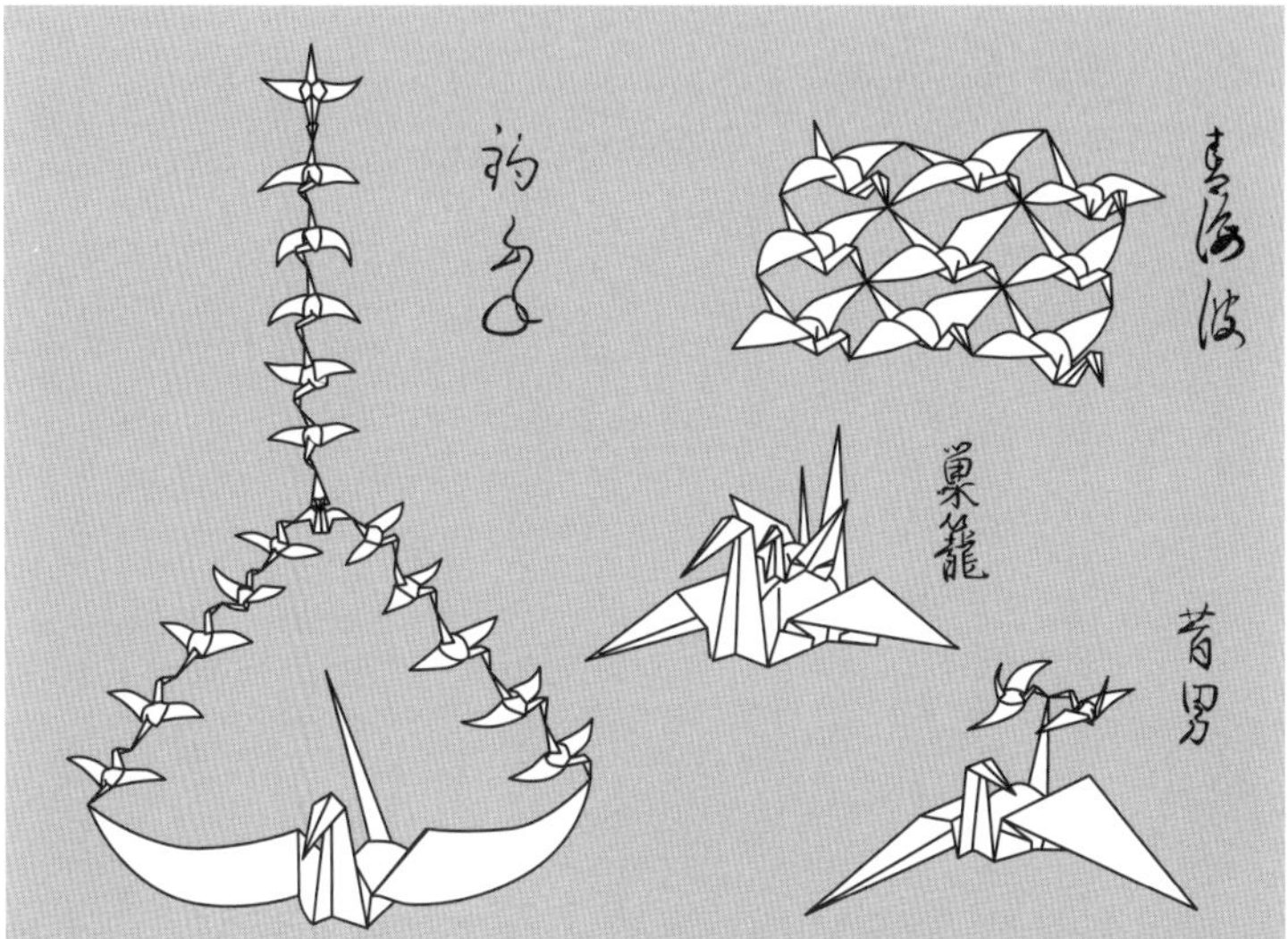

話として、以下の記述がある。

「お堂の左手に淡島様があります。小さな池に石橋が掛っていて、それを渡る時には、池の岩の上にいつも亀が甲を干していました。お堂の中には、小指の先ほどの括り猿や、千代紙で折った、これも小さな折鶴を繋いだのが、幾つともなく天井から下っています。何を願うのでしょうか」

浅草の淡島堂に関する描写である。折鶴がくくり猿と共に祀られているのは、徳川時代の錦絵の描写に多く見られるものと同様である。ただ、それらの錦絵の描写は、注意深く見ると、糸で繋いだものではなく、『千羽鶴折形』と同様の切り繋ぎなのである。これは、折り紙の歴史研究の第一人者であった岡村昌夫の指摘したことで、たしかにそうなのだ。以前、三谷一馬の『江戸吉原図聚』に、糸で繋いだ折鶴の図を見たときは驚いたが、これは考証画家として名高い三谷一馬も、先入見により模写時に誤ったもので、オリジナルの『昔語紫色挙《むかしがたりゆかりのいろあげ》』（歌川豊国、大阪中之島図書館蔵）では糸は描かれていないのであった。『鷗外の思い出』の描写は糸で繋いだようにも思えなくもない。淡島堂が針供養で知られる、つまり、糸に関係する祭神であることも連想させられるのだが、たしかなことはわからない。ちなみに、現在の淡島堂では、千羽鶴を見つけることはできない。

切り繋ぎが糸繋ぎになったことに関しては、素材も関係していると思われる。『鷗外の思い出』では千代紙だが、そもそも古典の『千羽鶴折形』の折鶴が切り繋ぎであったのは、身の回りにある和紙が正方形に切り取られたものではなく、折鶴を折るためには切り取らなければならず、切り取るときに切り離さずにおけば造形的に面白いものができ、和紙の長く丈夫な繊維がその造形を可能にしたということがあったからだ、と考えられる。

じつは、わたしの父方の祖母（1900年生まれ）も千羽鶴をよくつくっていた。4センチメートル四方ほどにちいさく紙を切って鶴を折り、それに糸を通し、糸を編み込んで房にまとめたものであった。身内のわたしが言うのもなんだが、小さくてかさ張らないこともあって、優れて工芸品的な出来映えだった。訊ねたことはなかったが、そのまとめかたは、少女時代に習い覚えたものだったのではないか。つまり、そうした糸繋ぎの千羽鶴は、明治中頃から末年に流行ったのではないか。素材は、主に、わたしの父（つまり彼女の息子）の紙巻タバコの内側の包装紙だったが、それ以前は、夫や親のそれだったのではないだろうか。紙巻タバコが普及したのは、20世紀初頭、明治から大正である。糸繋ぎ千羽鶴の普及は、そうした包装紙の工芸によって加速したのではないだろうか。というのがわたしの推測である。近世までは、折鶴を折るにも和紙を切ったので、切り繋ぎが主流だったが、近代になると、身の回りにある紙も変わってきて、糸も安価になり、糸繋ぎになったのではないかということだ。なお、百貨店や日用品において、カラフルな包装紙が普及するのも大正時代からである。

ほぼ同年代の小川未明の童話『千羽鶴』（1916年、大正5年）は、神社に奉納した折鶴の化身による恩返しという話だ。そこに「(色紙で折った折鶴を) 糸でつないで、お宮の拝殿の扉の格子につるしました」という記述がある。このころになると「色紙」(折り紙や工芸用の染色された洋紙) も一般に普及してきた。

祖母の千羽鶴に関しては、最近気がついた意外なこともあった。折鶴の数を数えると、千羽ではないのだ。手元に残っているもので数えてみると、たとえば、341羽であった。祖母の千羽鶴は、なにかの祈願というより、まさに手芸趣味で、できあがると人にあげていたものだが、千羽きっかり折った祈願が案外新しい習俗であることを示唆しなくもない。

なお、奇妙に小金井喜美子繋がりなのだが、彼女のひ孫である星マリナが編著者となって近年に出版された、喜美子の文集に『泡沫《みなわ》の歌』という一書がある。そこに、千つくる、集めるということに関連した面白い話があった。歌も詠んだ喜美子に、『泡沫《みなわ》千首』という歌集があるという話だ。そして、話はそれだけでは終わらない。彼女の孫に星新一がいる。彼は、生涯で千一話の物語をつくった人なのだ。すこし因縁じみた話である。

考えてみれば、短歌の世界では、定家以来、百首集めることは一般的で、為家の『為家千首』など、千集めることもあった。それは、千人針よりはるかに古い文化である。それが、千羽鶴の習俗に直接に関わるとも思えないが、まったく関係がないかというと、それこそ細い糸のようなつながりはあるかもしれない。

というわけで、時代順に並べると、切り繫ぎ折鶴→糸繫ぎ折鶴→（千羽鶴という言葉、千人針。佐々木禎子の話等の影響）→糸繫ぎのきっかり千羽の千羽鶴という流れが、わたしの推測する千羽鶴という習俗のおおまかな歴史である。

あとがき

3年半ほど前、みすず書房の編集者の市原加奈子さんから、月刊『みすず』に寄稿してくれませんかというメールが届いた。単発のエッセイの依頼だったのだが、連載と勘違いをして返事をした。その後、あれよあれよと連載が始まり、なんだかんだと書籍化が決まった。

そしていま、一冊の本がほぼできあがり、この文章を書いている。わたしにとって、本は書くよりも読むものなので、観客のつもりでいたのにいきなり舞台に上げられた心境である。連載終了から数か月後に『みすず』休刊の報せもあり、わたしは貧乏神なのではないか、市原さんのいわゆる黒歴史にならないかと案じてもいる。

などと、意気地のない言葉を並べているが、連載原稿を書き、また、いずれ書籍化という言葉にものせられて、未掲載月にも原稿を書きついでみて、ああ、わたしは文章を書くことも好きなのだとあらためて実感した。折り紙の同人誌や数学誌に書いているときにも自覚していたことだが、興が乗ってくると好事家じみたつぶやきが止まらなくなる。書いたあとには、いったい誰が読むのかという疑問も生まれるのだが、たったひとりにでも、ひとつの文章でも伝われば素晴らしいことではないかと思いなおす。

そんな中でも、専門の折り紙や、長く関わってきた天文学の話を伝えたいという思いはあった。わたしが伝えられるものは、たぶんそれだからだ。それは、市原さんからの依頼の中核でもあり、天文学者の池内了《さとる》さんが提唱している「新しい博物学」の実践になるような試みにしたいという、わたしの密かな心算でもあった。「新しい博物学」というのは、たとえば、天文記録が考古学や文献学に結びつくように、文系理系を超えた好奇心に寄り添う態度のことで、折り紙や天文学はそれに向いた窓口なのである。

ただし、天文学に関わる記述は、それに関わる仕事をしてきたとはいえ天文学者ではなく、門前の小僧なので、国立天文台野辺山宇宙電波観測所長の立松健一さんに眼を通してもらった。それでもおかしな記述があった場合は当然のことながらわたしの責任である。数学等に関する記述も同様だ。

ちなみに、2023年の春、わたしは野辺山宇宙電波観測所のエンジニア職を退いた。同観測所での仕事は続いているのだが、観測所の運営自体も閉所危機の綱渡りという、難しい状況になっている。まだまだ科学的成果をあげることができる一線の研究所なのにである。天文学というのは、何の役にたつのかわからないと言われる学術分野の筆頭で、かつて、こんなことを述べた大科学者もいた。

政府や国会は、天文学はもっとも金のかかる学問の一つだ、と思っているにちがいない。（……）しかも、これらの費用はきわめて遠いところにある星のためなのである。星のことなどは選挙戦にまったく縁がないし、おそらく、なんの役にもたたないだろう。（……）天文学はわれわれをして自分を超えて向上せしめるから役にたつのである。また、天文学は偉大であるから役にたつのである。また、美しいから役にたつのである。これこそぜひ言っておきたいことにほかならない。

（アンリ・ポアンカレ『科学と価値』吉田洋一訳、1905年）

後半はほとんど開きなおりだが、頷きたくなる言葉ではある。わたし個人は、長年天文台の仕事を活計《たつき》にしてきて景気の悪くない時代もあったので、権高《けんだか》にはなれないが、科学を含む文化を大事にしない共同体が衰退するのはまず間違いがないだろう。

この本もことさら何かの役にたつものではない。焦点というものが重要な天体観測に関する仕事をしてきたのにもかかわらず、わたしの話は、どうにも焦点がずれてゆき、とりとめがない。しかしそれでも、なにかしらのネットワークの中にあって、どこかとつながってはいる。たとえば、右のポアンカレの訳者が、本文中でも取り上げた数学者の吉田洋一氏その人であるように、世界には、意味ありげなつながりがある。

本書で紹介した話題もまた、さまざまな人とのつながりから生まれたものだ。そこには、学恩のある人や、わたしの偶像でもある人が含まれていたこともあって、連載中は人名の多くを敬称つきとしていたが、書籍化するさい（このあとがきを除き）、それを基本的に外させてもらった。

多くの示唆を受けたといえば、妻の前川純子《すみこ》もそうである。彼女はわたしの原稿の最初の読者でもあり、内容が伝わらないときにきっぱりとそう言ってくれたのはありがたかった。書籍化が決まったさいは、彼女と「どんな本になるのだろうね」と話した。啄木の次の歌、そのままである。

いつか是非、出さんと思ふ本のこと、
表紙のことなど、
　妻に語れる。

（石川啄木『悲しき玩具』）

そして、葛西薫さんが、想像していただけの本を、美しい姿に仕上げてくれた。本の中ほど、ページを繰る手がいっとき止まるであろう、静謐でいて明るく、理科趣味がある浅野真一さんの絵も、本の情趣を大きく高めてくれた。いまは、自分でも特徴をつかめないこの本が、読者の好奇心を広げるきっかけになればと考えている。いや、考えているというより、そう、ぼんやりと空想をしている。

２０２３年秋　前川　淳

●参考文献

新版，文庫，復刻などが出版されているものは，入手しやすいものを選び，
その刊行年を記したが，ネット上のアーカイブや復刻がないものは初版等の年を記した.

折り紙と数学

『本格折り紙』前川淳（著），日貿出版社（2007）
『ビバ！おりがみ』笠原邦彦，前川淳（著），サンリオ（1983）
『ドクター・ハルの折り紙数学教室』トーマス・ハル（著），羽鳥公士郎（訳），日本評論社（2015）
『四色定理』ロビン・ウィルソン（著），茂木健一郎（訳），新潮文庫（2013）
『確率パズルの迷宮』岩沢宏和（著），日本評論社（2014）

幻想の補助線

「日時計の天使」堀辰雄（著），青空文庫（www.aozora.gr.jp）（1935）
“The Old Straight Track,” Alfred Watkins（著），Internet Archive（archive.org）（1925）
Littlewood's Miscellany, John E. Littlewood（著），Cambridge University Press（1986）

パスタの幾何学

“A Geometrical Tree of Fortune Cookies,” Jun Maekawa（著），*Origami 4* 所収，A.K. Peters（2009）
Pasta by Design, George L. Legendre（著），Thames & Hudson（2011）
『直感幾何学』D・ヒルベルト，S・コーン＝フォッセン（著），芹沢正三（訳），みすず書房（1966）

解けない問題

“On the Morning of Christ's Nativity,” John Milton（著），Poetry Foundation（www.poetryfoundation.org）
『西洋古典叢書　モラリア 5』プルタルコス（著），丸橋裕（訳），京都大学出版会（2009）
『西洋古典叢書　モラリア 8』プルタルコス（著），松本仁助（訳），京都大学出版会（2012）
“Questioning the Delphic Oracle,” John R. Hale *et al*.（著），*Scientific American*, Volume 289, Issue 2, Springer Nature（2003）
『歴史』トゥキュディデス（著），小西晴雄（訳），ちくま学芸文庫（2013）
『ギリシア数学史』トーマス・L・ヒース（著），平田寛（訳），共立出版（1998）
『角の三等分』矢野健太郎（著），一松信（解説），ちくま学芸文庫（2006）
『折り紙の幾何学　増補新版』伏見康治，伏見満枝（著），日本評論社（1984）
『幾何学入門』H・S・M. コクセター（著），銀林浩（訳），ちくま学芸文庫（2009）

解けない問題を解く

「折り紙で角の三等分を折る」阿部恒（著），『数学セミナー』1980.7, 日本評論社（1980）
『和算の歴史――その本質と発展』平山諦（著），ちくま学芸文庫（2007）
『世界はなぜ「ある」のか？』ジム・ホルト（著），寺町朋子（訳），ハヤカワ・ノンフィクション文庫（2016）

単純にして超越

『正方形』ブルーノ・ムナーリ（著），阿部雅世（訳），平凡社（2010）
「変わった話——電車で老子に会った話」寺田寅彦（著），青空文庫（www.aozora.gr.jp）（1934）
『老子』蜂屋邦夫（訳），岩波文庫（2008）
『プラトンと五重塔』宮崎興二（著），人文書院（1987）
『π—πの計算——アルキメデスから現代まで』竹之内脩，伊藤隆（著），共立出版（2007）
『算法身之加減』（複写版）渡辺一（著），福島県和算研究保存会（1977）
「数學表裡辨」渡辺一（著），山形大学中央図書館 佐久間文庫蔵（1812）
『千葉県の算額』平山諦（監修），大野政治，三橋愛子（著），成田山史料館（1970）
“Computational Problems Related to Paper Crane in the Edo Period,” Jun Maekawa（著），*Origami 6*, American Mathematical Society（2014）

すこしずれている

「地球の円い話」中谷宇吉郎（著），青空文庫（www.aozora.gr.jp）（1940）
『「測定法教則」注解』アルブレヒト・デューラー（著），下村耕史（訳編），中央公論美術出版（2008）
『新科学対話』ガリレオ・ガリレイ（著），今野武雄，日田節次（訳），岩波文庫（1937）
『家紋の話——上絵師が語る紋章の美』泡坂妻夫（著），新潮選書（1997）

五百年の謎

『折る幾何学』前川淳（著），日本評論社（2016）
『デューラー『メレンコリア』』ハルムート・ベーメ（著），加藤淳夫（訳），三元社（2005）
“The Meteorite of Ensisheim : 1429–1992,” Ursula B. Marvin（著），*Meteoritics*, Vol. 27, No. 1, Wiley-Blackwell（1992）
『リルケ詩集』ライナー・マリア・リルケ（著），富士川英郎（訳），新潮文庫（1963）
『ネーデルラント旅日記』アルブレヒト・デューラー（著），前川誠郎（訳），岩波文庫（2007）
『自伝と書簡』アルブレヒト・デューラー（著），前川誠郎（訳），岩波文庫（2009）
『幾何学的な折りアルゴリズム』エリック・D・ドメイン，ジョセフ・オルーク（著），上原隆平（訳），近代科学社（2009）

吾に向かいて光る星あり

『ウィトゲンシュタインの生涯と哲学』黒崎宏（著），勁草書房（1984）
『侏儒の言葉』芥川龍之介（著），青空文庫（www.aozora.gr.jp）（1927）
『理科年表』2022, 国立天文台（編），丸善出版（2022）
『宇宙をうたう——天文学者が訪ねる歌びとの世界』海部宣男（著），中公新書（1999）
『子規歌集』正岡子規（著），土屋文明（編），岩波文庫（1986）
『若山牧水歌集』若山牧水（著），伊藤一彦（編），岩波文庫（2004）

四百六十六億光年の孤独　あるいは，四十三京五千兆秒物語

『二十億光年の孤独』谷川俊太郎（著），集英社文庫（2008）

『シリーズ現代の天文学別巻　天文学辞典』岡村定矩ほか（著），日本評論社（2012）
『新・天文学事典』谷口義明（監修），講談社（2013）
“H0: The Incredible Shrinking Constant, 1925–1975,” Virginia L. Trimble（著），*Publications of the Astronomical Society of the Pacific*, Vol. 108, IOP Publishing（1996）
『女性と天文学』ヤエル・ナゼ（著），北井礼三郎，頼順子（訳），恒星社厚生閣（2021）
『宇宙論入門』稲垣足穂（著），河出文庫（1999）

管をもって天を窺う

『宇宙電波天文学』赤羽賢司，海部宣男，田原博人（著），共立出版（1988）
『シリーズ現代の天文学 16　宇宙の観測 II――電波天文学』中井直正ほか（著），日本評論社（2009）

遠くを見たい

『シリーズ現代の天文学 15　宇宙の観測 I――光・赤外天文学』家正則ほか（著），日本評論社（2007）
Forms and Concepts for Lightweight Structures, Koryo Miura, Sergio Pellegrino（著），Cambridge University Press（2020）

折り紙の歴史に関わるあれこれ

『折るこころ――折り紙の歴史』龍野市立歴史文化資料館（著），龍野市立歴史文化資料館（1999）
『ハーメルンの笛吹き男』阿部謹也（著），ちくま学芸文庫（1988）
『近世風俗志（四）――守貞謾稿』喜田川守貞（著），岩波文庫（2001）
『雍州府志』黒川道祐（著），国立公文書館デジタルアーカイブ（www.digital.archives.go.jp）（1686）
『日本その日その日』エドワード・モース（著），石川欣一（訳），講談社学術文庫（2013）
『ブリューゲルの「子供の遊戯」――遊びの図像学』森洋子（著），未来社（1989）
『嬉遊笑覧（三）』喜多村筠庭（著），長谷川強ほか（校訂），岩波文庫（2004）
『趣味とジェンダー――〈手づくり〉と〈自作〉の近代』神野由紀，辻泉，飯田豊（編），青弓社（2019）

あやとりの話

『猫のゆりかご』カート・ヴォネガット・ジュニア（著），伊藤典夫（訳），ハヤカワ文庫（2012）
『ハリー・スミスは語る』ラニ・シン（著），湯田賢司（訳），カンパニー社（2020）
String Figures - The Collection of Harry Smith: Catalogue Raisonné, Volume II, John Klacsmann, Andrew Lampert（編），J&L Books/Anthology Film Archives（2015）
『美の呪力』岡本太郎（著），新潮文庫（2004）
『あやとり』野口弘（著），河出書房新社（1973）
『あなたの人生の物語』テッド・チャン（著），公手成幸ほか（訳），ハヤカワ文庫（2003）

紙飛行機の話

「明治の文豪と飛行機（1）」村岡正明（著），『航空と文化』No. 81（2003）
Cassell's Complete Book of Sports and Pastimes, Cassell and Company（著），Forgotten Books（2019）

The Kindergarten Guide, Maria Kraus-Boelte, John Kraus（著），archive.today（archive.is）（1882）
『日本児童遊戯集』大田才次郎（著），平凡社（1968）
Paper Airplanes - The Collection of Harry Smith: Catalogue Raisonné, Volume I, John Klacsmann, Andrew Lampert（編），J&L Books/Anthology Film Archives（2015）

無限の御幣

「折って楽しむ折り紙セミナー　番外編」前川淳（著），『数学ガイダンス 2016』日本評論社（2016）
『数学名言集』H・A・ヴィルチェンコ（著），松野武，山崎昇（訳），大竹出版（1995）
『幼年時代』堀辰雄（著），青空文庫（www.aozora.gr.jp）（1955）
「堀君と数学」吉田洋一（著），『文藝』1957 年 2 月臨時増刊号・堀辰雄読本（1957）
『微笑』横光利一（著），青空文庫（www.aozora.gr.jp）（1948）
『旅愁』横光利一（著），青空文庫（www.aozora.gr.jp）（1950）
『俳句の精神』寺田寅彦（著），青空文庫（www.aozora.gr.jp）（1935）
『ボードレール全集 VI』シャルル・ボードレール（著），阿部良雄（訳），筑摩書房（1993）
『集合――美しい数学』安野光雅（著），ダイヤモンド社（1974）

字余りの歌と長方形の中の円

『蚊がいる』穂村弘（著），角川文庫（2017）
『字音仮字用格』本居宣長（著），国立国語研究所（dglb01.ninjal.ac.jp）（1799）
「字餘りの和歌俳句」正岡子規（著），青空文庫（www.aozora.gr.jp）（1894）

千羽鶴の話

『サダコ――「原爆の子の像」の物語』北出晃他（著），NHK 広島「核・平和」プロジェクト（2000）
『秘傳千羽鶴折形』秋里籬島（著），日本折紙学会　折紙アートミュージアム（www.origami-art-museum.com）（1797）
「千人針」寺田寅彦（著），青空文庫（www.aozora.gr.jp）（1932）
「戦時中の弾丸除け信仰に関する民俗学的研究――千人針習俗を中心に」渡邉一弘（著），総合研究大学院大学学術情報リポジトリ（ir.soken.ac.jp）（2014）
「鷗外の思い出」小金井喜美子（著），青空文庫（www.aozora.gr.jp）（1956）
「千羽鶴」小川未明（著），青空文庫（www.aozora.gr.jp）（1930）
『泡沫の歌――森鷗外と星新一をつなぐひと』小金井喜美子（著），星マリナ（編），ホシヅル文庫（2018）

著者略歴

（まえかわ・じゅん）

1958年東京都生まれ．折り紙作家，折り紙の数学・科学・歴史等に関する研究者．東京都立大学理学部物理学科卒業後，ソフトウェアエンジニアとして天文観測および解析に関わる仕事のかたわら，折り紙の創作と研究を続ける．著書に，『ビバ！ おりがみ』（笠原邦彦編，サンリオ，1983），『本格折り紙――入門から上級まで』（日貿出版社，2007），『本格折紙√2』（日貿出版社，2009），『折る幾何学――約60のちょっと変わった折り紙』（日本評論社，2016）ほか．ブログ「折り紙＆かたち散歩」http://origami.asablo.jp/blog/

前川 淳

空想の補助線

幾何学、折り紙、ときどき宇宙

2023年12月1日 第1刷発行

発行所 株式会社 みすず書房
〒113-0033 東京都文京区本郷2丁目20-7
電話 03-3814-0131(営業) 03-3815-9181(編集)
www.msz.co.jp

本文・口絵組版 キャップス
印刷所 加藤文明社
製本所 松岳社

装丁 葛西 薫

Printed in Japan
ISBN 978-4-622-09661-0
[くうそうのほじょせん]